基础菜肴

制作

丁玉勇◎主编

王　丰◎副主编

化学工业出版社

·北京·

内容提要

本书主要讲述了中式烹饪基础菜肴的制作方法。本书的特点是以烹调方法为主线，选择有代表性的基础菜肴，以图文并茂的形式编写。涉及炸、熘、炒、爆、烧、煮、烩、氽、涮、炖、焖、煨、扒、蒸、烤、焗、煎、贴、煸、烹、拔丝、挂霜、蜜汁23种烹饪方法，共近120道菜肴。本书在原料的选择上注重丰富性和普及性，强调菜肴调味多样化。为便于读者学习，本书附有每道菜肴制作的关键步骤和成品图片，并附有"举一反三"的提示，可供读者在此烹饪方法的基础上制作品种丰富的菜肴。

本书可作为大中专院校烹饪专业基础菜肴教学的教材，也可供厨师及烹饪爱好者自学参考。

图书在版编目（CIP）数据

基础菜肴制作 / 丁玉勇主编. —北京：化学工业出版社，2008.8（2018.4重印）

ISBN 978-7-122-03496-0

Ⅰ. 基…　Ⅱ. 丁…　Ⅲ. 烹饪-方法-中国　Ⅳ. TS972.117

中国版本图书馆CIP数据核字（2008）第117928号

责任编辑：梁静丽　李植峰　　　　装帧设计：北京水长流文化发展有限公司
责任校对：战河红

出版发行：化学工业出版社（北京市东城区青年湖南街 13 号　邮政编码 100011）
印　　装：北京画中画印刷有限公司
720mm×1000mm 1/16 印张 9½ 字数 162 千字　2018年4月北京第1版第3次印刷

购书咨询：010-64518888（传真：010-64519686）　　售后服务：010-64518899
网　　址：http://www.cip.com.cn
凡购买本书，如有缺损质量问题，本社销售中心负责调换。

定　　价：36.00元　　　　　　　　　　　　　　　　版权所有　违者必究

前言

烹饪职业教育的目标是培养理论与技能相结合的高技能型餐饮行业从业人员，而提高烹饪职业教育教学质量的瓶颈则是烹饪技能的教学。为了突破这一瓶颈，绝大多数院校都将烹饪技能教学课时数开至总课时的一半以上，菜肴制作的技能课要开设4~5个学期，虽然各个院校所开设的技能课程名称不同，但在教学内容的安排上基本都是先练习一些烹饪基本功，随后教授各种烹饪方法，再教授本菜系名菜和其他外菜系名菜，课程教时多、内容多。但现有的本科烹调工艺学教材烹调理论的内容过多，菜肴制作实例很少，不适宜职业教育教学。为达到职业教育实践教学的目的，专业教师都会补充一些烹调方法较典型的普通菜肴用于教学，以便学生系统地掌握烹调工艺学课程中讲授的各种烹调方法。本教材是在总结了多所院校烹饪实践教学老师教学内容的基础上，精心选择一些运用普通原料、采用典型烹调方法制作的并适合教学需要的菜肴编写而成的，目的是使学生通过学习能系统掌握利用普通原料和常用烹调方法制作的菜肴，本书中称之为"基础菜肴"。

本教材有以下几个特点：

1. 教材采用图文并茂的形式，所有菜品都配成品图片和关键操作步骤的图片，直观易学，在烹饪职业教育教材中是第一部。

2. 本书的编者都是具有多年烹饪教学和烹饪实践经验的双师型教师，所编写菜肴的图片均由编者亲手拍摄和制作，内容取材适合教学需要。

3. 所选菜品原料普通，适应面广，易于操作。

4. 每个菜例都附有"举一反三"和"思考题"的内容，通过本菜例的学习，可以制作多种菜肴，便于学生实践技能的提高。

为了满足各章内容的要求，本书综合运用烹调方法的传热介质和行业岗位分工等多种依据对菜肴品种进行了编排，在实际教学时可以灵活选择和调整。课程建议为60~80学时。

本书可作为大中专院校烹饪专业基础菜肴教学教材，同时也适用于厨师、烹饪爱好者自学参考。

本教材1-1～1-24、2-22～2-28、3-1～3-7由江苏食品职业技术学院丁玉勇编写；2-1～2-21、3-14～3-16由浙江商业职业技术学院王丰编写；3-8～3-13、3-17、3-18、4-10～4-12由江苏食品职业技术学院张胜来编写；4-1～4-9、4-13～4-15由无锡商业职业技术学院朱国兴编写；5-1～5-6、5-10、5-11、6-9～6-14由武汉商业服务学院戴涛编写；5-7～5-9、6-1～6-8由江苏淮安技师学院王斌编写；7-1～7-8由江苏淮阴商业学校刘洪标编写。江苏食品职业技术学院吴志华老师、无锡商业职业技术学院陈金标老师对教材编写提出了很好的建议，教材编写过程中还得到了各参编院校领导的大力支持，在此表示衷心感谢。

由于编者水平有限，书中难免存在不妥之处，敬请广大读者批评指正。

编者

2008年7月

目录

3

烧、煮、烩、氽、涮类

炸

炸是以多量食用油为传热介质而使原料成熟的一类烹调方法。可用于整只、整形的原料，也可用于加工成片、条、丁、丝、块的多种动植物原料。根据所用油温的不同，炸可以分为油浸、油炸、油淋等；根据原料是否挂糊和挂糊种类的不同，又分为清炸、干炸、软炸、松炸、酥炸、脆炸、香炸等；根据特殊的成形工艺又分为卷炸、纸包炸、串炸等。炸制菜肴在加热过程中一般不能调味，大多是在加热前进行基本调味，成品再配椒盐、沙司、面酱、辣酱油、砂糖等味碟食用。不同的炸制方法可以使原料形成嫩、软、松、脆、酥等不同的质感和独特的风味。

1-1 清炸大肠

烹调方法 清炸

原料

熟猪大肠头400克、黄瓜150克、葱白200克、酱油30克、甜面酱50克、料酒15克、精炼花生油500克(约耗50克)。

① ② ③ ④

制作方法

1. 将熟大肠头切成6厘米长的段，放入沸水锅内烫透捞出。大葱白切成8厘米长的段，插入大肠内(两头露出)。
2. 将黄瓜清洗消毒后，顺长切成6厘米长、1.5厘米粗细的条待用。
3. 锅内倒入花生油，置于旺火上烧至七成热时，将插好葱白的大肠周身抹匀料酒，蘸上酱油，放入油锅内炸成金黄色，捞出滤净油，去掉葱白段，与黄瓜条一起装盘。上桌时随带甜面酱蘸食。

成品要求

装盘整齐，色泽金黄，外脆里烂，肥而不腻，面酱咸香可口。

制作关键

1. 炸制时套葱白，目的是除腥解腻去异味，增加葱香味。
2. 油温不宜过低，否则达不到焦脆鲜美，去肠油效果不佳。

举一反三

熟大肠既可清炸，也可挂糊后炸制，称为干炸，清炸时除用传统抹酱油的方法外还可以抹糖浆，也可整条炸制后再改刀装盘。

思考题

1. 清炸大肠除了可以抹酱油炸制上色外，还可以用什么方法上色？
2. 能用猪小肠代替大肠炸制吗？
3. 清炸大肠还可以搭配其他什么蔬菜食用风味比较好？

基础菜肴制作

1-2 清炸菊花胗

烹调方法 清炸

原 料

鸡胗300克、料酒10克、酱油10克、味精5克、芝麻油5克、葱4克、姜4克、番茄沙司20克、椒盐3克、精炼花生油500克(约耗100克)。

制作方法

1. 将鸡胗去皮，剞菊花花刀，用料酒、葱、姜、盐、味精、酱油浸2分钟。
2. 将鸡胗投入七成热油锅一炸，然后迅速捞出，待油温回升至八成热，再投入复炸，装盘。
3. 锅内加芝麻油烧热，葱炝锅投入鸡胗，翻滚几下即成。上席时盘边放番茄沙司和椒盐。

成品要求

鸡胗卷缩似菊花，深褐色，质地干脆，滋味咸里透香。

制作关键

1. 注意花刀的深度，要做到花刀均匀，不断不连。
2. 控制好油温和炸制程度。

举一反三

用猪腰清炸后可以与鸡胗形成相似的质感。清炸还是蚕蛹、蝎子等高蛋白昆虫类原料最常用的烹调方法。

思考题

1. 用鸭胗、鹅胗也能做清炸菊花胗吗？
2. 清炸菊花胗能否炸成外脆里嫩的口感，为什么？

1-3 干炸丸子

原　料

猪肉(肥四瘦六)300克、锅巴75克、料酒35克、姜末5克、味精1克、干淀粉25克、精盐10克、鸡蛋黄2只、葱末5克、精炼花生油1000克(约耗50克)。

制作方法

1. 将猪肉斩成粗茸，锅巴放入沸油中炸酥脆后，压碎，然后将肉茸、锅巴拌匀，加入料酒、精盐、味精、葱末、姜末、鸡蛋黄、干淀粉、水搅拌上劲待用。

2. 炒锅上火，放入花生油，待油七成热时，将肉馅用手挤成3.5厘米直径的小肉丸子放入油锅中，炸至外表结壳成熟时捞出，油温升至八成热，复炸至外表酥脆，色泽黄褐时沥油装盘即成。

成品要求

　　大小整齐均匀，色泽黄褐，鲜脆干香，咸淡适中，是佐酒佳肴。

制作关键

1. 拌肉茸时，口味要稍淡一些。

2. 油炸时，正确掌握油温。

举一反三

　　用牛肉、羊肉等其他肉类可以制作风味不同的干炸丸子。

思考题

1. 调制干炸丸子缔子时应该加入多少水?

2. 在干炸丸子的肉茸中加锅巴和蛋黄分别有什么作用?

1-4 干炸响铃

烹调方法 干炸

原料

豆腐皮15张、鸡蛋黄半个、猪里脊肉50克、甜面酱50克、精盐1克、料酒2克、味精1.5克、葱白段10克、花椒盐5克、熟菜油750克(约耗80克)。

制作方法

1. 将里脊肉去筋腱，剁成细末，放入碗中加精盐、料酒、味精和蛋黄拌成肉馅，分成5份。豆腐皮湿润后去边筋，修成长方形，揭开叠层摊平。

2. 取肉馅1份，放于豆腐皮的一端，用刀口或竹片将肉馅摊成3.5厘米的宽条，放上切下的碎腐皮（边筋不用），卷成松紧适宜的圆管状，卷合处蘸以清水粘接，共制5卷，每卷切成3.5厘米的段，直立放置。

3. 炒锅置中火上，下油烧至五成热时，将豆腐皮卷放入油锅，用手勺不断翻动，炸至黄亮松脆，用漏勺捞出沥干，装盘。上席随带甜面酱、葱白段、花椒盐佐食。

成品要求

豆腐皮如蝉翼，成品色泽黄亮，酥松可口，鲜香味美，脆如响铃。

制作关键

1. 肉馅用量适宜，涂抹厚薄均匀，以免影响成熟和松脆。

2. 包卷时不宜太松或太紧，卷段切好后应直立放置。

3. 炸制时油温应该保持在五成热左右，炸时不断翻动，使之不焦、不软、不含油。

举一反三

炸响铃的馅料可以灵活变化，除了用肉馅还可以用菜肉馅、全蔬馅。用紫菜来代替部分豆腐皮，可制作出颜色、质感、味感完全不同的双色"响铃"。

思考题

1. 干炸与清炸有何区别？
2. 炸响铃成品含油是什么原因？

1-5 油淋仔鸡

烹调方法 油淋

原料

光仔鸡（一只）750克、香菜20克、酱油15克、花椒盐50克、辣酱油15克、甜面酱15克、料酒20克、葱段10克、姜片10克、芝麻油15克、精炼花生油1500克（约耗100克）。

制作方法

1. 将仔鸡从脊背剖开，去内脏洗净，用花椒盐、葱段、姜片、料酒腌渍2小时左右，洗净花椒盐，晾干，再将酱油抹在鸡皮上。

2. 炒锅上火，放入精炼油，烧至七成热时，投入鸡，移至小火，将鸡焐至九成熟后捞起。炒锅置旺火上，待油温升至八成热时，舀热油浇淋仔鸡，炸至外皮金黄，捞起沥油。

3. 将炸好后的仔鸡改刀，在盘内仍摆成鸡形，刷上芝麻油，将香菜放在盘边点缀。上桌时带辣酱油、甜面酱各一小碟蘸食。

成品要求

色泽金黄均匀，外皮香脆，肉质鲜嫩，底味咸淡适中，装盘形态整齐。

制作关键

1. 必须选用仔鸡制作。

2. 油炸时应用小火焐至成熟，复炸时用热油浇淋鸡皮，使外皮香脆。

举一反三

油淋适合于几百克到上千克的整形原料，它可以使成品外皮香脆，内部特别鲜嫩，鸽子、鱼类等原料都可以用这种方法制作菜肴。

思考题

1. 油淋仔鸡在选料上应注意哪些问题？

2. 油淋仔鸡在油炸时应注意哪些问题？

1-6 脆炸鱼条

烹调方法 脆炸

原　料

净鱼肉150克、面粉100克、精盐3克、味精3克、料酒3克、白糖1克、干淀粉25克、发酵粉1.5克、色拉油750克（约耗80克）。

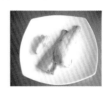

制作方法

1. 将净鱼肉改刀成长6厘米、宽1厘米、厚1厘米的条，并用料酒、精盐（2克）、味精、腌渍3分钟。

2. 将面粉、发酵粉、湿淀粉、色拉油用水调制成脆皮糊。

3. 锅置中火，放油加热至五成热，把鱼条挂上面糊，下锅炸至外壳膨松酥脆时出锅装盘，上席即可。

成品要求

　　色泽金黄，外形饱满、光亮，外香脆，内鲜嫩，鱼肉咸淡适中。

制作关键

1. 改刀形状大小均匀。

2. 糊的厚薄要适当。

3. 油温宜控制在五成热左右，掌握炸的时间，成品色泽不能太深。

举一反三

　　这种烹调方法适合于质地鲜嫩的动植物原料，还可制作脆皮银鱼、脆皮大虾、脆皮瓜条等。

思考题

1. 为什么油锅炸制要逐一挂糊进行？

2. 油温过高或过低会造成什么后果？

3. 还有什么糊跟脆皮糊比较相似？

1-7 高丽香蕉

烹调方法 松炸

原 料

香蕉300克、鸡蛋清4只、干淀粉100克、白糖50克、熟猪油1000克(约耗60克)。

制作方法

1. 香蕉去皮,切成3厘米长的段。
2. 用部分干淀粉滚粘在切好的香蕉周围。
3. 蛋清打发,加淀粉,调制成发蛋糊。
4. 旺火热锅,加入猪油,油四成热时,将香蕉段挂发蛋糊入油中炸透,捞出装盆,撒白糖后上席。

成品要求

色泽淡黄,蕉香怡人,甜肥松软,开胃润肠。

制作关键

1. 调制发蛋糊时蛋泡要打足,加粉要适量。
2. 香蕉含水多,下油锅后时间不宜过长,避免酥烂失形。
3. 掌握好炸制油温,油温太低则含油,高则变黄。

举一反三

发蛋糊适合于特别鲜嫩的动植物原料,还可制作高丽苹果、松炸鲜贝、松炸鱼条等。

思考题

1. 高丽糊中加粉量的多少对成品口感有什么影响?
2. 高丽香蕉切滚料块好不好,为什么?
3. 发蛋糊中除了加淀粉,还有加什么粉比较好?

1-8 炸藕夹

烹调方法 干炸

原　料

鲜藕300克、猪五花肉150克、干淀粉75克、葱10克、精盐3克、味精1克、姜5克、料酒5克、花椒盐1克、花生油750克。

制作方法

1. 将藕刮去外皮，洗净，切成0.6厘米厚的圆片，再将每个圆片切成二个半圆片，再将半圆片在圆弧边破开，成为夹刀片。
2. 五花肉斩成糊，加精盐、味精、料酒、葱姜末、水，搅拌上劲，调制成肉馅。干淀粉加水调制成水粉糊。
3. 将藕片夹上肉馅制成藕夹生坯。
4. 炒锅上火，倒入花生油，待油四成热时，将藕夹挂上水粉糊，放入油锅炸至八成熟时捞起沥油。将油烧至七成热，再放入藕夹，炸至金黄色捞起装盘，撒上花椒盐即成。

成品要求

色泽金黄，外香脆，里脆嫩，椒盐咸淡适口。

制作关键

藕片要厚薄一致，挂糊要均匀，初炸时油温要略低，藕片不易成熟，要在锅中养透。

举一反三

这是一个用蔬菜夹馅的工艺菜肴，可以将藕换成土豆、山芋、荸荠、苹果、梨等蔬菜水果，也可以将肉馅改为鱼、虾、豆沙等其他馅心制作成菜。

思考题

1. 藕夹除了挂水粉糊，还能挂其他糊吗?
2. 藕夹还可以用什么调味方法食用?

1-9 软炸里脊

烹调方法 软炸

原 料

猪里脊肉250克、蛋清1个、湿淀粉5克、料酒5克、面粉10克、味精3克、精盐4克、精炼油1000克（约耗150克）、花椒盐10克。

制作方法

1. 将里脊肉切成1.2厘米厚片，两面剞上十字花刀，然后切成1.8厘米的小块，放在碗内加精盐、料酒腌渍入味。碗内加蛋清、面粉、湿淀粉调制成糊。将里脊肉放入调拌均匀。
2. 炒锅放旺火上烧热，加精炼油烧至五成热时，将里脊肉逐块下入油内炸至成熟捞出。待油温升至七成热时将里脊肉倒入锅内复炸，后倒入漏勺沥油装盘，附带椒盐上席。

成品要求

色泽金黄，椒盐味浓。

制作关键

1. 制糊时应调拌均匀。
2. 正确地识别和掌握油温。

举一反三

软炸适合于鲜嫩味美、异味较小的原料，软炸鱼片、软炸鸡片也是常用菜肴。

思考题

1. 软炸里脊可以用拍粉后油炸的方法吗？
2. 软炸里脊除用花椒盐还可以用什么方法调味？

基础菜肴制作

1-10 吉列虾球

烹调方法 香炸

原　料

大虾仁200克、荸荠50克、熟肥膘20克、鸡蛋20克、生粉10克、面包糠50克、胡椒粉1克、香菜20克、葱20克、姜20克、精盐5克、味精2克、椒盐15克、辣酱油20克、花生油1000克（约耗50克）。

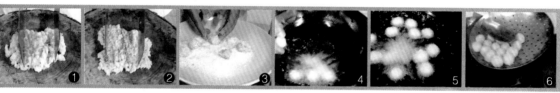

制作方法

1. 虾仁用清水漂洗干净、剁成茸。
2. 荸荠去皮与熟肥膘一起切成0.3厘米见方的粒。
3. 将虾茸加入葱姜水、精盐、味精、胡椒粉、鸡蛋、生粉搅拌上劲，加入荸荠和肥膘粒调匀成馅。
4. 将虾馅挤成直径3厘米的丸子，滚上面包糠制成虾球生坯。
5. 将虾球先下入五成热油锅中炸熟，再用七成热的油复炸至金黄色装盘，附带椒盐、辣酱油上桌。

成品要求

大小均匀，色泽金黄，外香酥，里脆嫩，咸淡适中。

制作关键

1. 初炸时油温要略低一点，成品才能口感较嫩，形状圆整。
2. 要选用咸面包屑，复炸时油温不能太高，面包屑易焦煳。

举一反三

吉列炸是我国传统的香炸与西式炸法的结合，适用于鸡、鱼、肉、蔬菜等多种动植物原料，原料也可以加工成片、条、丁、丝、块、球等多种形状。

思考题

1. 吉列虾球的虾馅中加入肥膘和荸荠分别有什么作用？可以不加吗？
2. 吉列虾球可以选用甜面包屑吗？为什么？

❶ 炸、熘类

炸

1-11 酥炸蹄筋

烹调方法 酥炸

原　料

涨发好的蹄筋250克、精盐2克、味精1克、料酒10克、花生油1000克、酥糊约140克(用面粉30克、蛋黄30克、花生油15克、碱粉1克、酵面15克、清水50克调制)。

制作方法

1. 将蹄筋切成4厘米长的段，挤净水分放入碗内，加上精盐、味精、料酒腌渍入味，放入酥糊抓匀。

2. 锅内加花生油，置旺火上，烧至160℃左右时，将蹄筋逐一投入油内炸硬后捞起，待油温约升至200℃，投入蹄筋复炸，呈金黄色捞出，控净油装盘成菜。

成品要求

　　色泽金黄，外皮酥脆，内部软糯，咸淡适中。

制作关键

1. 主料炸前要发透或蒸、煮熟透。
2. 糊必须调匀，挂糊要均匀。
3. 一般要求高油温、急火加热。
4. 如果炸后改刀，不要使糊料分离。

举一反三

　　酥糊的调制方法有多种，糊中一般都要加入食用油，可以用蛋黄、豆腐等起酥，可以用泡打粉、小苏打、臭粉和酵头多种方法起松。

思考题

1. 酥糊有哪几种调制方法?
2. 酥炸对原料一般有什么要求?

基础菜肴制作

1-12 椒盐排骨

烹调方法 干炸

原料

猪大排400克、鸡蛋1个、料酒10克、酱油10克、味精1克、干淀粉30克、盐3克、花椒盐少许、花生油1000克（约耗75克）。

制作方法

1. 将大排脊骨朝下，用刀剖至骨凹，拉开刀纹斩断骨头，斩成0.7厘米左右厚薄的大片，用刀斩去一点大骨，使排骨不致带骨过多，再将大片斩成1～1.3厘米宽的条，每条都均匀带骨。
2. 排条放入碗中，加料酒、酱油、精盐、味精、干淀粉与鸡蛋，用手捏匀，投入八成热的油锅内，用漏勺翻动，炸至断生，油升温再炸至金黄色用漏勺捞出装盘，配花椒盐上席。

成品要求

色泽金黄，长短粗细均匀，外脆香松，里嫩鲜美，佐酒佳肴。

制作关键

1. 排骨刀工成形时，应注意厚薄均匀，大小相等，避免炸制后生熟不匀。肉须拍松，以保证成菜时达到外脆里嫩的效果。
2. 炸时应分两次炸，以保证质量。

举一反三

用大排上的通脊肉同样炸制称为椒盐里脊，也可以用猪肋排制作椒盐排骨。

思考题

1. 用小排制作椒盐排骨和用大排制作会有什么不同？
2. 排骨能煮熟后再炸制吗？

1-13 纸包虾仁

烹调方法 纸包炸

原 料

鲜大虾仁200克、熟精火腿25克、青豆24粒、玻璃纸1大张、精盐1.5克、味精1克、葱姜汁5克、精炼油1000克。

制作方法

1. 虾仁洗净，沥去浮水，用精盐、味精、葱姜汁拌和后腌渍片刻，再用精炼油10克拌匀。精火腿切成菱形小片。玻璃纸裁剪成14厘米见方（12张）。

2. 将玻璃纸平铺在案板上，中间摆上菱形火腿片，两侧各放青豆一粒，再铺放上虾仁，成长6厘米、宽4厘米的长方形。然后，再将玻璃纸叠成长方形纸包（包叠时应将纸包的收口一角玻璃纸露在外面，以便于食用时拆开），即成纸包虾仁生坯。

3. 炒锅上火烧热，放入精炼油，烧至四成熟时，将纸包虾仁生坯逐一轻轻放入油锅，焐油至虾仁变色、纸包鼓起时，倒入漏勺沥油，排放在盘中即成。

成品要求

色彩鲜艳，虾仁软嫩，咸淡适中，原汁原味。

制作关键

1. 宜选用无色、无毒、耐高温玻璃纸包制。

2. 虾仁要新鲜、粒大，不需要上浆。

3. 纸包虾仁加热时，油温以三至四成热为宜。

举一反三

用鸡脯肉代替虾仁可制作纸包鸡；还可以用糯米纸代替玻璃纸制作纸包炸的菜肴。

思考题

1. 虾仁为什么不需上浆且要用油拌匀？

2. 用鸡肉、鱼肉、猪肉制作纸包类菜肴，与纸包虾仁有什么不同？

基础菜肴制作

1-14 香酥鸭

烹调方法 酥炸

原　料

光鸭1500克、饴糖25克、料酒50克、甜面酱50克、花椒2.5克、番茄酱50克、精盐100克、葱结25克、姜片15克、葱白段25克、花生油1500克（约耗150克）。

制作方法

1. 将光鸭由右腋下用刀划开一条长口，取出食囊、气管、内脏洗净。用花椒、精盐擦遍鸭全身，腿肉和脯肉面要反复擦几次。将鸭脯朝下放入钵体内，将余下的花椒、精盐均匀地撒在鸭上，腌约2小时后取出，再将鸭胸骨用刀斩断，以免蒸后顶破鸭皮。

2. 将鸭放入盘内，加料酒、葱结、姜片放入笼中，用旺火蒸熟取出，倒去鸭肚中汤汁，晾干水分，用饴糖在鸭身上均匀涂抹，稍晾。

3. 炒锅上火烧热，放入花生油，至八成热，将鸭置锅内炸至金黄色，捞起沥油，改刀装盘，四周放上葱白段，即成。上桌配甜面酱、番茄酱小碟蘸食。

成品要求

鸭皮金黄、酥脆，肉质酥烂，咸香适口。

制作关键

1. 光鸭从腋下开口，不宜太大，5厘米左右即可。

2. 饴糖在鸭蒸熟后用洁布拭去鸭身水分后趁热抹上，并且要放通风处晾一下。

3. 蒸制鸭要熟烂，炸制油温要高。

举一反三

肉质较老，含胶质较多的鸡、猪蹄膀、羊肉等也适合用这种方法炸制。

思考题

1. 香酥鸭的酥炸跟酥炸蹄筋的方法有什么不同？

2. 香酥鸭能用生鸭直接炸熟吗？

①

炸、熘类

炸

15

1-15 松炸鲜蘑

烹调方法 松炸

原 料

鲜蘑菇14只、鸡蛋清3个、干淀粉50克、鸡清汤150克、精盐7克、味精5克、番茄酱50克、绵白糖10克、芝麻油3克、熟猪油750克(约耗150克)。

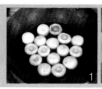   

制作方法

1. 将鲜蘑入沸水锅焯透，捞出放入清水中漂一下，炒锅上火，放入鸡清汤，放入鲜蘑，加精盐5克、味精3克烧透入味捞起。

2. 鸡蛋清放在汤盘内，用竹筷搅打成蛋泡，掺入干淀粉搅成糊。

3. 炒锅上火，放熟猪油至五成热，将鲜蘑先撒上干淀粉后一一挂糊放入油锅，炸至糊刚熟(仍是白色)即捞出。待油温升至七成热时，倒入炸过的鲜蘑，复炸至淡黄色捞出装盘即成。将番茄酱用芝麻油、绵白糖、味精（2克）、精盐（2克）调和后随同上席蘸食。

成品要求

色泽淡黄，外松软，里鲜嫩。

制作关键

鲜蘑焯水后要漂水，否则鲜蘑呈褐色。

举一反三

其他鲜嫩的菌类也可用此法制作松炸菜肴，个体较大的原料可以改刀成条、块状。

思 考 题

1. 松炸鲜蘑怎样才能挂糊均匀？
2. 松炸鲜蘑炸制成熟后会干瘪是什么原因？

1-16 芝麻鱼排

烹调方法 炸

原料

青鱼净肉400克、芝麻100克、料酒15克、鸡蛋2个、精盐2克、味精1克、生姜10克、葱5克、胡椒粉0.5克、干淀粉25克、辣酱油15克、番茄沙司15克、精炼花生油750克（约耗60克）。

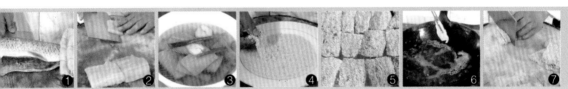

制作方法

1. 将青鱼肉批成0.6厘米厚的大片，葱、姜用刀拍裂，放入碗中，加入少量水浸出葱姜汁，芝麻用锅炒熟待用。

2. 把鱼片平摊在盛器中，加入料酒、盐、味精、葱姜汁、胡椒粉腌渍5分钟，使之入味。

3. 将鸡蛋置碗中搅匀，先把腌渍的鱼排均匀地撒上干淀粉，然后两面粘上蛋液，取出平放在芝麻上，使鱼排两面裹上芝麻，用手两面按紧，放入盛器待用。

4. 炒锅上旺火烧热，放入花生油，烧至七成热时，将鱼排逐块投入油中炸至色呈金黄，鱼肉熟透捞出，用刀切成条装盘，上桌时配番茄沙司、辣酱油佐食。

成品要求

外脆香，里鲜嫩，咸淡适中。

制作关键

炸鱼排时油温不宜太高，否则芝麻易焦苦。

举一反三

用面包粉、核桃粉、花生粉均可代替芝麻做此菜。

思考题

1. 芝麻鱼排用哪些鱼炸制较好？
2. 芝麻鱼排切片太薄会有什么影响？

1-17 油浸鳜鱼

烹调方法 油浸

原 料

新鲜鳜鱼一条（750克）、鲜柠檬2只、料酒10克、糖5克、麻油30克、辣酱油25克、葱姜各20克、精盐5克、色拉油1000克（约耗50克）。

制作方法

1. 鳜鱼去鳞、去腮，从鱼口中插入筷子，掏去内脏。将葱姜切丝。

2. 炒锅上火，入油烧热至四成熟，放入鳜鱼，保持温度油浸十五分钟，可用小刀在背脊戳一下，没有血水即可捞出装盘。

3. 另起炒锅一只，将辣酱油、料酒、糖、柠檬汁调成汁，浇在鱼身上，将葱、姜丝放在鱼身上，用少许沸油浇在葱姜丝上。

成品要求

鱼形完整，质地鲜嫩，咸中带甜，美味可口。

制作关键

1. 根据鱼的大小掌握油温和油浸时间。
2. 需选用新鲜鳜鱼。

举一反三

新鲜味美的鱼类大多可以用油浸的方法成熟，调味汁也可以根据顾客的喜好灵活改变。

思 考 题

1. 油浸时，油温过高，对菜有什么影响?
2. 油浸与油淋有什么区别?

熘

熘是将烹制好的浓汁浇淋在已经加热成熟的原料上，或把已加热成熟的原料倒进锅内的芡汁中快速翻拌均匀、装盘成菜的烹调方法。熘菜大多用鸡、鸭、鱼、肉、蛋等动物性原料制作，也可用于一些质地脆、嫩的植物性原料。熘菜的芡汁一般为米汤芡，又称之为熘芡，芡汁可红可白，味型以咸鲜、酸、甜为主，熘汁的量较多。熘菜可用油炸、水煮、汽蒸等多种加热方法成熟，根据成熟的方法不同可以分为焦熘（脆熘）、软熘、滑熘；根据所用的特殊调味品又分为醋熘、糟熘等。成品菜肴具有滑、脆、酥、嫩等多种不同口感和特殊风味。

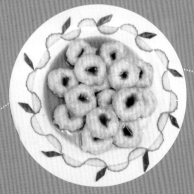

1-18 糖醋鲤鱼

烹调方法 脆熘

原　料

活鲤鱼一尾（750克）、香醋200
克、葱和姜各50克、蒜瓣10克、白
糖300克、湿淀粉300克、清汤200
克、酱油5克、
精盐4克、色拉
油1000克(约耗
75克）。

制作方法

1. 鲜鲤鱼去腮、去内脏，洗净。鱼身两
   侧剞牡丹花刀，刀口撒盐，葱姜汁腌
   渍十分钟。

2. 炒锅上火，入油烧热至七成熟时，将
   鱼挂上水粉糊，一手提鱼头，一手提
   鱼尾，将鱼弯曲呈弓形、脊背朝下入
   油锅炸至定型后，再翻过来将鱼腹朝
   下炸，放平鱼身，按住鱼头再炸，待
   金黄色时捞出摆盘内。

3. 炒锅留少许油，放入葱、姜、蒜末，
   烹入醋、酱油，加清汤、白糖、湿淀
   粉烧沸成糖醋汁，用手勺舀出迅速浇
   在鱼身上，其汁冒泡，并发出吱吱声
   即成。

成品要求

造型美观，外松脆里鲜嫩，酸甜可口。

制作关键

1. 剞花刀要深至鱼骨，刀距要相等。
2. 油炸要炸酥透，浇汁要迅速。

举一反三

　　桂鱼、鲈鱼等多种鱼类都可以用相同
的方法制作成菜，糖醋汁也可以用番茄汁
代替，还可以在芡汁中加入适当的配料。

思 考 题

1. 挂淀粉糊有何特点？还可用什么方法
   代替？
2. 为什么浇汁时要迅速？

1-19 菊花青鱼

烹调方法 脆熘

原料

带皮青鱼1段350克、植物油1500克（约耗100克）、麻油10克、精盐6克、绵白糖150克、番茄酱100克、香醋75克、葱末10克、蒜瓣末10克、干淀粉80克、猪肉汤75克、水淀粉40克、料酒10克。

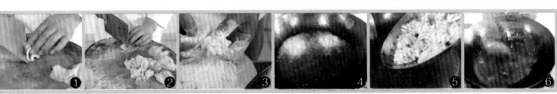

制作方法

1. 将青鱼段皮朝下横放在砧板上，用刀斜批至鱼皮，每批4刀切断，共切成10块。再将鱼块放在砧板上，直剞至鱼皮(刀距均0.6厘米，不能破皮)，用料酒、盐腌制后，蘸上干淀粉，抖去余粉，成菊花鱼生坯。

2. 将醋、绵白糖、精盐、番茄酱、猪肉汤、水淀粉一起放入碗中，拌和成调味汁。

3. 炒锅置旺火上烧热，舀入花生油，待油温八成热时，把菊花鱼生坯抖散，皮朝下放入油锅炸至黄色。捞出装盘。同时，另取一炒锅置旺火上烧热，舀入热油25克，投入葱末、蒜瓣末炸香后，倒入调味汁搅匀，再淋入热油15克与麻油搅和成卤汁，浇在菊花鱼上即成。

成品要求

色泽光亮，形似菊花，香脆松嫩，甜酸适口。

制作关键

1. 菊花鱼剞纹要深至皮，才能使花瓣充分张开，但不能破皮。

2. 拍粉时，剞纹处均应拍到，余粉要抖去。粉不能拍得过早，以免花瓣面结粉粒，影响质量。

举一反三

鱼肉还可以剞其他花刀，造型成玉米鱼、菠萝鱼、松鼠鱼等。

思考题

1. 菊花鱼最好用什么鱼制作?
2. 菊花鱼花刀是否越细越好?

1-20 水晶虾饼

烹调方法 滑熘

原料

虾仁400克、肥膘100克、荸荠100克、鸡蛋清3个、料酒10克、精盐2.5克、味精1克、白糖50克、醋30克、葱2根、生姜2片、鸡清汤50克、淀粉20克、熟猪油750克(约耗100克)。

制作方法

1. 虾仁、肥膘分别斩成茸。荸荠去皮后切成细末,同虾茸、肥膘茸一起放入盛器中。整葱姜拍松,用水浸泡片刻。将葱姜汁、蛋清、盐、料酒、味精、淀粉依次加入盛虾茸的容器中,用力搅至上劲待用。

2. 取碗放入鸡清汤、白糖、醋,搅匀成糖醋汁待用。

3. 炒锅至旺火上烧热,倒入猪油,待油稍温后用手把虾糊挤成大小均匀,直径约3.5厘米的丸子,再用拇指和食指在丸子中间捏出凹陷后放入油锅,用油慢慢浸透,待虾饼浮到油面上即熟,捞出摆放于盘中,将糖醋汁浇在虾饼上即成。

成品要求

色洁白,虾肉嫩鲜香,糖醋汁酸中带甜。

制作关键

油温不能太高,否则虾饼颜色不白,并影响质地。

举一反三

质地鲜嫩、色嫩较白的虾仁都能用来制作水晶虾饼,如:河虾仁、罗氏沼虾仁、白虾仁、泰国水晶虾仁等,虾馅中还可以加入火腿、笋粒等配料。

思考题

1. 水晶虾饼的水晶是何含义?
2. 虾饼中间为什么要留一个凹陷?

1-21 锅巴肉片

原　料

猪通脊肉150克、锅巴75克、玉兰片25克、绿叶菜25克、冬菇15克、植物油750克(约耗50克)、葱15克、姜8克、蒜5克、番茄酱75克、精盐3克、醋13克、淀粉25克、白糖10克、鸡蛋1个、味精3克、汤适量。

制作方法

1. 将肉顶刀切成薄片，漂净血水，上蛋清浆；锅巴掰成块；玉兰片横向片成薄片；冬菇用水发透洗净分别用开水氽透；葱纵剖开后再切成2厘米长的节；姜、蒜切片；湿淀粉用蛋清调兑成糊。

2. 炒锅注入植物油，油热后把切好的肉片滑熟捞出，锅内留下少量油加入葱、姜、蒜，把玉兰片、冬菇煸炒几下，随后倒入番茄酱，同时将汤注入锅内，加入味精、糖、醋，把肉片下入，汤开后再加绿叶菜，勾芡后盛入碗内。

3. 在勾芡同时，另用锅将植物油烧到八成热，把锅巴炸酥呈黄色，捞出放在盘内再浇上些沸油。将炸好的锅巴和勾芡的汁一同上桌，把肉片汤倒在锅巴上即成。这时发出吱吱的清脆声。

成品要求

锅巴酥脆，肉片鲜嫩，汁甜酸适口。

制作关键

锅巴要干，厚薄要均匀，油炸后不宜久放，应立即食用；味汁中咸味略大，应突出荔枝味。

举一反三

更换此菜中的配料可以制成虾仁锅巴、三鲜锅巴、牛肉锅巴，也可以用咸鲜口味的芡汁。

思考题

1. 锅巴肉片选用什么样的锅巴较好？
2. 用猪油炸锅巴对菜肴质量有什么影响？

① 炸、熘类

熘

23

1-22 糟熘鱼片

烹调方法 糟熘

原料

净青鱼肉300克、熟笋片25克、鸡蛋清40克、精盐3.5克、味精2克、香糟汁50克、干淀粉10克、湿淀粉15克、精炼油500克（约耗80克）。

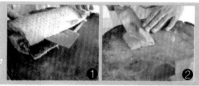

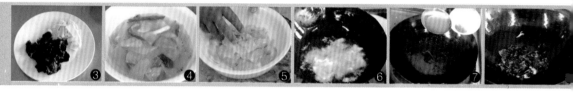

制作方法

1. 将鱼肉顺丝切成5厘米、宽2.5厘米、厚0.4厘米的片，用盐1.5克、鸡蛋清、干淀粉上浆。
2. 炒锅上火烧热，加入精炼油，烧至四成热时，投入鱼片滑散，待鱼片呈乳白色时，倒入漏勺沥油。原锅上火，放入精炼油25克，投入笋片略炒，加香糟汁、盐2克和味精，放入鱼片轻轻翻炒，用湿淀粉勾芡，加精炼油25克，轻翻均匀，起锅装盘即成。

成品要求

色泽美观，鱼肉鲜嫩，糟香扑鼻。

制作关键

1. 鱼片要顺丝批切，且要厚薄均匀。
2. 鱼片滑油和翻炒时动作要轻，防止散碎。

举一反三

用糟熘的方法还经常制作肉片、虾仁等为主料的菜肴。

思考题

1. 怎样制作香糟汁？
2. 鱼片滑油时要注意什么？

1-23 软熘草鱼

烹调方法 软熘

原 料

活草鱼1000克、猪瘦肉50克、葱姜各25克、水发冬菇25克、红椒25克、冬笋25克、酱瓜25克、精盐5克、味精3克、料酒15克、糖15克、干淀粉5克、色拉油50克、香醋15克、酱油20克、湿淀粉适量。

① ② ③ ④

制作方法

1. 猪精肉、葱姜、冬菇、红椒、冬笋、酱瓜均切丝。

2. 草鱼加工后，用刀从腹部沿脊背骨将鱼肉剖开，但脊骨皮仍连，至尾部时斩断脊背骨，以便加热时尾部可以竖起来。

3. 锅加水烧开，加入葱、姜、料酒，水沸后投入青鱼，待断生时捞起沥干水分，装入盆中。

4. 另取锅上火，加适量油烧热，投入肉丝煸炒断生，再投入其余几种丝煸炒，加入料酒和高汤，再加盐、味精、糖、酱油，沸后勾芡再加醋，淋上热油后，将汁浇在鱼身上即可。

成品要求

卤汁红润，鱼肉鲜嫩，味咸酸甜辣。

制作关键

1. 草鱼一定要新鲜。

2. 汆鱼与制卤汁要同时进行，及时浇上卤汁，卤汁不可太厚。

举一反三

草鱼软熘时还可以用蒸制的方法成熟。

思 考 题

1. 鱼的成熟除了汆水外，还可以用什么方法？

2. 鱼肉不嫩是什么原因？

1-24 糖醋排骨

烹调方法 脆溜

原　料

猪仔排250克、面粉10克、葱段5克、料酒15克、酱油25克、醋25克、精盐3克、湿淀粉40克、麻油10克、熟猪油750克（约耗50克）。

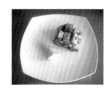

制作方法

1. 猪仔排改刀切成5厘米长的骨牌块，放入碗中加料酒5克和精盐腌渍，再用湿淀粉25克、面粉10克拌匀待用。

2. 将酱油、白糖、料酒（10克）、醋、湿淀粉（15克）、水（25克）调成糖醋汁待用。

3. 炒锅置中火烧热，下猪油烧至七成热时，将挂好糊的仔排逐块入锅炸约1分钟捞出，待油温升至七成热时，再全部投入复炸1分钟，倒入漏勺，沥去油。原锅留油少许，放入葱段，煸出香味，将仔排随即倒下锅，迅速将调好的汁倒入锅中，颠翻炒锅，待芡汁均匀的包裹住仔排时，淋上麻油出锅装盘即可。

成品要求

排骨大小均匀，外酥脆里鲜嫩，色泽红亮，酸甜味美。

制作关键

1. 五成油温下锅。
2. 复炸至结壳、脆硬。
3. 味甜在前，酸在后。

举一反三

除动物性原料外，用一些植物性原料，如萝卜、苹果、香蕉、冬瓜等也可以制作脆熘菜。

思考题

1. 如何调制糖醋汁？
2. 有哪些措施可防止仔排挂糊入油锅中不易开裂？

炒

炒 是将加工成片、丝、丁、条、块等形状的小型原料，用中旺火在短时间内加热成熟，经调味成菜的烹调方法。炒主要分为滑炒、软炒、生炒、熟炒、干炒等。

滑炒是将经过精细加工处理或自然形态的小型原料，通过上浆处理，投入中小油量的温油锅中加热成熟，再拌炒入调配料，并在旺火上急速翻炒、淋上芡汁，达到滑爽柔软、芡汁紧裹目的的烹调方法。

熟炒是将经过初步熟处理的半熟或全熟的原料，再加工成片、丝、条等形状，以少量油为加热介质用旺火在锅中翻炒成菜的烹调方法。

抓炒是将要烹调的原料进行挂糊，油炸，加入调味品翻炒成菜的一种烹调方法。

软炒是将液体状主料，或加工成泥茸，用汤、水澥成液状的主料，用适量的热油翻炒成软嫩、鲜美的菜肴的烹调方法。

2-1 青椒炒鸡丁

烹调方法 滑炒

原 料

鸡胸脯肉250克、青椒50克、蒜泥2.5克、鸡蛋清半个、料酒5克、精盐3克、味精1克、湿淀粉15克、色拉油750克。

制作方法

1. 将鸡胸脯肉切1.2厘米见方的丁，用蛋清、淀粉、盐、味精放入鸡丁上浆；青椒切成小丁待用。

2. 将鸡丁放入四成热的锅中划散，加入青椒丁，熟后一起沥油。

3. 原锅上火留少许底油，放入蒜泥炒香，加入高汤、调味品，再倒入鸡丁和青椒丁，勾芡后翻炒均匀，淋上明油装盘即可。

成品要求

　　青椒碧绿爽脆，鸡丁大小均匀，色泽洁白，鲜香嫩滑，亮油包芡。

制作关键

1. 上浆要有劲。
2. 原料大小要一致。
3. 掌握好划油的温度以及成熟度。

举一反三

　　猪肉、鱼肉、牛肉等都可以切丁后用相同的方法炒制。

思考题

1. 鸡丁上浆应该注意哪些问题？
2. 炒鸡丁还适宜用哪些配料？

基础菜肴制作

28

2-2 炒精片

烹调方法 滑炒

原　料

猪里脊肉250克、茭白50克、葱白丝20克、鸡蛋清1个、料酒3克、酱油4克、精盐1克、味精2克、绵白糖2克、芝麻油1克、湿淀粉4克、色拉油500克(约耗60克)。

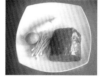

制作方法

1. 里脊肉切成0.2厘米厚片，放碗内，用精盐、鸡蛋清、湿淀粉上浆。茭白切长方片后焯水。

2. 炒锅上火烧热，放色拉油，待油至四成热时，放入精肉片，用手勺拨散，至肉变色时，倒入漏勺沥油。原锅仍上火，放入熟猪油3克，投入葱段、茭白片煸炒，再放料酒、酱油、绵白糖、味精，用湿淀粉勾芡，倒入肉片，颠翻几下，淋上芝麻油装盘即成。

成品要求

精片形状整齐，肉嫩鲜美，咸鲜适口，芡汁紧裹。

制作关键

1. 批精片要顺丝批，精片厚薄均匀，大小基本一致。

2. 精片上浆时，先用盐入味。

3. 精片划油时，变色即可沥去油，保持鲜嫩。

举一反三

还可以用牛里脊肉来代替，其成品菜肴更加美味，更易受食客青睐。

思考题

1. 猪里脊肉有什么品质特点？用其他部位的肉代替里脊肉对菜肴质量有什么影响？

2. 里脊肉切片后是否要用水漂洗？有什么作用？

2-3 炒肥肠

烹调方法 熟炒

原料

熟猪肠200克、青椒20克、黄芽菜50克、葱片5克、料酒3克、酱油6克、绵白糖5克、芝麻油3克、醋3克、味精2克、湿淀粉2克、色拉油15克。

制作方法

1. 将熟大肠切成1厘米厚的斜形小段；青椒去蒂、去籽，黄芽菜去叶，分别洗净切成小片后逐个焯水。
2. 炒锅上火烧热，放色拉油，投入猪肥肠、葱片煸炒，再放入青椒、黄芽菜片同炒，加料酒、酱油、绵白糖、味精烧沸，用湿淀粉勾芡，淋上芝麻油、醋，颠锅装盘即成。

成品要求

猪肠软烂肥美，形状整齐，味浓汁紧。

制作关键

1. 猪大肠初加工要清洁，煨制要烂。
2. 烹炒时，淋上醋，以去腥解腻增香。

举一反三

此菜中的主料还可以与萝卜、洋葱、笋片等能吸油的蔬菜同炒。

思考题

1. 炒肥肠用的熟大肠应该达到什么样的质感？
2. 炒肥肠一般可以调制成哪些口味？

基础菜肴制作

2-4 炒鱼片

烹调方法 滑炒

原　料

青鱼中段800克、茭白50克、熟火腿片10克、水发冬菇片5克、鸡蛋清1只、葱白5克、味精3克、精盐3克、料酒3克、芝麻油2克、醋2克、干淀粉3克、湿淀粉3克、色拉油500克(约耗100克)。

①　②　③　④　⑤　⑥

制作方法

1. 将鱼段去皮骨刺后，切成长5厘米、宽3厘米、厚0.2～0.3厘米的片，放入碗中，加精盐1克、鸡蛋清、干淀粉拌匀上浆。茭白切成略小于鱼片的片，葱白切成斜片。取碗一只，放鸡清汤50克、味精2克、精盐2克、料酒、湿淀粉搅成调味汁待用。

2. 炒锅上火烧热，放色拉油至五成热，将鱼片放入，用手勺轻轻推动，待鱼片变色，倒入漏勺沥油，原锅留少许油仍上火，放入葱、笋片煸香后，加入火腿、冬菇片，放入调味汁至沸，放入鱼片，颠锅翻匀，淋上芝麻油，出锅装入放有底醋的盘内即成。

成品要求

　　色泽洁白，鱼肉鲜嫩，咸淡适口，不碎不散，亮油包芡。

制作关键

1. 批鱼片要厚薄均匀，浆要上劲。
2. 在烹调时要掌握好油温，用手勺推动时要注意手法，切勿搅碎鱼片。

举一反三

　　此菜中的调味汁可以调成多种口味，比如：黑椒味、水果味等。

思考题

1. 哪些鱼适合用作炒鱼片的原料？
2. 炒鱼片划油的火候与炒肉片是否一样？

2-5 滑炒里脊丝

烹调方法 滑炒

原　　料

猪里脊肉200克、茭白25克、葱15克、精盐15克、料酒5克、鸡蛋清25克、湿淀粉10克、清汤20克、色拉油500克(约耗50克)。

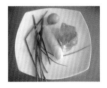

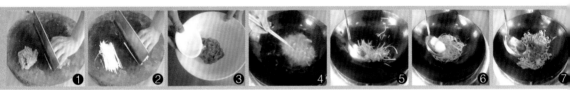

制作方法

1. 将里脊肉切成5厘米长、0.3厘米粗的丝放在碗内，加精盐、鸡蛋清、湿淀粉抓匀，茭白和葱分别切成细丝。
2. 炒锅内放色拉油，烧至约100℃时，放入肉丝，用铁筷子划散，捞出。锅内留油放葱丝、冬笋略炒，再投入肉丝，快速加上清汤、料酒、精盐，翻炒均匀，淋上香油，颠翻出锅即成。

成品要求

肉丝粗细均匀，口感滑嫩，咸鲜适口。

制作关键

1. 里脊丝要切得粗细均匀（5厘米长、0.3厘米粗）。
2. 掌握好浆的浓度，划油时油温不要太高，以三四成为宜。

举一反三

在制作菜肴时可添辅料香菇及甜椒，使菜肴在色泽上更加美观。

思考题

1. 炒里脊丝切肉时应该顺丝还是顶刀？
2. 肉丝划油的火候与肉片有什么不同？

基础菜肴制作

2-6 抓炒里脊

烹调方法 抓炒

原　料

猪通脊肉250克、酱油20克、料酒10克、味精1克、精盐2克、白糖50克、醋40克、湿淀粉75克、葱5克、姜5克、清汤50克、色拉油750克(约耗用75克)。

制作方法

1. 将猪通脊肉顺着纹络横片成1厘米厚的大片，剞上十字花刀，然后切成1.3厘米宽的条，再斜刀切成菱角块。将切好的猪通脊肉放入碗中加入酱油、料酒、味精、精盐抓匀入底味，然后加入干淀粉拌匀成薄糊。

2. 葱、姜分别切成末放入另一碗中，加酱油、料酒、精盐、味精、白糖、醋和用水调匀的湿淀粉制成碗芡。

3. 锅置于旺火上，倒入花生油，烧至七成热时，将里脊逐块下入锅内，用手勺拨散，约炸2分钟捞出，待油温升高至八成热时，再将里脊块下入锅内复炸，至外焦里嫩捞出滤去油。

4. 锅内留少许底油烧热，倒入碗芡用手勺不停推炒，待炒出香味卤汁变浓时，放入炸过的里脊块，颠翻数下裹匀卤汁，淋上少许明油即可装盘。

成品要求

色泽金红，块形整齐，外焦里嫩，味甜、酸、咸适口。

制作关键

1. 猪通脊肉切成的菱角块要薄厚均匀。

2. 挂浆要适度。过薄不易炸脆，过厚影响菜肴形态。

3. 调味要准确。甜、酸、咸宜适中，芡汁浓度要适度，以将主料包裹住为恰到好处。

举一反三

腌制里脊肉的调味料可以变化，比如：用蒜茸汁腌制能增加原料的香味。

思考题

1. 抓炒是哪个菜系的代表烹调方法?

2. 抓炒与滑炒有哪些异同?

2-7 瓜姜鱼丝

烹调方法 滑炒

原　料

鳜鱼净肉250克、甜酱瓜50克、仔姜10克、葱10克、鸡蛋清1只、料酒10克、精盐5克、味精2克、麻油5克、白糖5克、汤10克、干淀粉5克、水淀粉7克、色拉油500克(约耗50克)。

制作方法

1. 将鳜鱼肉片成0.3厚的薄片，再切成6厘米长、0.3厘米宽的细丝，用水漂去血水后，吸去表面水分，用料酒、精盐、蛋清、干淀粉拌匀上浆；将酱瓜切成丝，用水泡去部分咸味，仔姜、葱均切成丝待用。

2. 用小碗放入料酒、盐、白糖、水淀粉、汤、味精调匀成兑汁芡。

3. 锅上火放入油，待油温升至五成热时放入鱼丝用筷子划散，滑油至熟，倒入漏勺沥油，原锅上火，加油少许，加入姜丝，酱瓜丝下锅略炒放入鱼丝，随即把兑汁芡和葱丝放入，翻锅炒匀，淋上麻油装盘并用长葱丝点缀。

成品要求

鱼肉细整齐均匀，油润嫩滑，咸甜适口，且有酱瓜香味。

制作关键

1. 鱼丝滑油时动作要轻，否则易碎。

2. 酱瓜浸泡不可太久，只要泡去部分咸味即可。

举一反三

用瓜姜作配料风味独特，因此只要改变主料品种就可以变化出多种瓜姜炒制菜肴。

思考题

1. 瓜姜鱼丝应该选用什么生姜作配料？

2. 鱼丝上浆的厚薄应该怎样掌握？

基础菜肴制作

2-8 芙蓉鸡片

烹调方法 软炒

原料

生鸡脯肉100克、鸡蛋清4个、熟猪肥膘肉15克、熟火腿末10克、绿叶菜25克、料酒10克、鸡清汤100克、精盐2.5克、湿淀粉10克、味精1.5克、熟猪油1000克(约耗100克)、葱姜汁10克。

制作方法

1. 将生鸡脯肉、熟肥膘肉分别斩成茸，加葱姜汁、料酒5克、鸡清汤50克、精盐1.5克拌匀上劲成馅。再把鸡蛋清打成发蛋，慢慢倒入馅内，加味精1克，搅匀上劲，即成芙蓉鸡片生馅。

2. 炒锅置火上，舀入熟猪油，烧至四成热时炒锅离火，用手勺将生馅舀成柳叶片，逐步放入油锅，待全部入锅后再使油锅上火，见鸡片浮出油面成熟后，倒入漏勺，沥去油。

3. 炒锅上火，放入熟猪油25克烧热，倒入绿叶菜略煸，加料酒5克，鸡清汤50克，精盐1克，味精0.5克，用湿淀粉勾芡，放入芙蓉鸡片，颠翻几下，出锅装盘，撒上火腿末即成。

成品要求

色泽洁白，形如柳叶，配料鲜明和谐，口感软嫩，咸鲜适口。

制作关键

1. 鸡脯肉要用清水漂，鸡茸要斩细。

2. 油温不宜高，否则鸡片会变黄。

3. 芙蓉鸡片下锅后，炒勺轻推，保持鸡片的完整。

举一反三

鸡片也可加工成其他形状，用鱼肉代替鸡肉可以制成芙蓉鱼片。

思考题

1. 制作芙蓉鸡片的蛋清应打发至什么程度？

2. 芙蓉鸡片中淀粉的使用量对菜肴质量有什么影响？

2-9 清炒虾仁

烹调方法 清炒

原 料

大虾仁350克、鸡蛋清1个、精盐10克、料酒25克、干淀粉10克、熟猪油500克(约耗50克)、麻油10克、高汤10克、味精0.5克。

制作方法

1. 大虾仁洗净漂白滤干，用盐、蛋清、干淀粉浆好，在冰箱内放置两小时。
2. 旺火热锅，下猪油500克，待油温三成时，倒入虾仁拨散，熘至断生后倒入漏勺。锅中加酒及高汤及味精倒入虾仁，颠翻淋麻油后迅即出锅。

成品要求

洁白似玉，清淡素雅，滑嫩鲜洁，香软爽口。

制作关键

1. 洗虾仁时，虾背上的一条红茎须去掉，要轻洗轻漂，不可将虾仁洗毛。
2. 上浆时，放入盐与蛋清后必须搅紧，否则入油时会脱浆，影响质量。

3. 将浆好的虾仁入温油内，滑至七成熟即可，避免虾仁肉质变老，失去滑嫩的特点。

举一反三

在夏天可以加辅料西湖龙井，使其更加清香，也可加入糖桂花、香菜末等其他辅料。

思考题

1. 什么是清炒？清炒虾仁应选择什么虾仁？
2. 清炒虾仁应该怎样上浆？

2-10 什锦炒饭

烹调方法 熟炒

原 料

上白籼米饭500克、草鸡蛋4个、熟鸡脯肉30克、熟精火腿10克、上浆湖虾仁50克、水发花菇20克、茭白30克、青豆10克、湖虾子1克、精盐6克、料酒6克、香葱末10克、色拉油60克、鸡清汤100克。

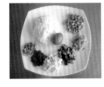

❶ ❷ ❸ ❹

制作方法

1. 将鸡肉、火腿、花菇、茭白均切成小方丁(比青豆略小),和鸡蛋一并入碗中,加精盐2克,葱末5克,搅打均匀。

2. 将锅置火上,舀入色拉油50克烧热,放入虾仁滑熟倒入漏勺。再放入鸡丁、火腿丁、花菇丁、茭白丁煸炒,加入料酒、精盐、鸡清汤烧沸,盛入碗中作什锦浇头。

3. 锅置火上,舀入色拉油,烧至150℃时,倒入鸡蛋液炒散,加入米饭炒匀,倒入一半浇头,继续炒匀,将饭的2/3盛入盘中,将余下的浇头和虾仁、青豆、葱末倒入锅内,同锅中余饭一同炒匀,盛在盘内盖面即成。

成品要求

米粒颗颗分明,光润油亮,咸淡适中,鲜美爽口。

制作关键

1. 用于炒饭的米饭要软硬适中。太软米粒不分明;太硬味不入,口感欠佳。

2. 翻炒时,要注意防止粘锅。

3. 炒饭时加油不可过多。

举一反三

可以调整辅料的品种来适应不同的人群,比如:加入水果类的原料可以适应儿童的口味。

思考题

1. 什锦炒饭对米饭的质量有什么要求?

2. 什锦炒饭的配料能怎样变化?

❷

炒、爆类

炒

2-11 炒三丁

烹调方法 滑炒

原　料

熟鸡肉75克、熟火腿50克、浆虾仁150克、葱白20克、葱段10克、清汤50克、料酒5克、精盐0.5克、味精0.5克、湿淀粉5克、熟猪油300克（约耗50克）。

制作方法

1. 将鸡肉、火腿先批成大片，再切成1厘米见方的丁。
2. 炒锅至火上烧热，下猪油至3成热，把虾仁入锅至成熟，倒入漏勺沥去油。
3. 原锅留油下少许葱白焐锅，放入鸡丁、火腿丁，烹入料酒少许，加清汤、精盐、味精，倒入虾仁颠锅，用湿淀粉勾芡，淋猪油10克，撒上葱段，颠翻炒锅，装盘即成。

成品要求

　　三丁大小均匀，虾仁滑嫩，鸡丁鲜香，色艳味美，咸鲜适口。

制作关键

1. 切制三丁必须大小一致。
2. 炒时注意口味、嫩度的把握。

举一反三

　　熟鸡肉、熟火腿、虾仁全为荤料，若替换其中的一种为素料，如黄瓜，其口感及营养搭配则更加合理。

思考题

1. 炒三丁应怎样选择原料？
2. 炒三丁中的浆虾仁能跟鸡丁一起过油吗？为什么？

基础菜肴制作

2-12 清炒荷兰豆

烹调方法 炒

原　料

新鲜荷兰豆150克、味精5克、精盐3克、蒜末5克、湿淀粉5克、色拉油10克，料酒2克。

制作方法

1. 荷兰豆掐去两头的丝。用开水将荷兰豆烫热，用凉水投凉，沥净水。
2. 炒锅加热，放入少量的油，爆蒜末，加酒、盐、味精，倒入水淀粉，待锅内的汁液变成半透明状态的时候，倒入荷兰豆翻几下出锅。

成品要求

　　色泽碧绿，豆荚脆嫩，咸鲜适口，蒜香味浓。

制作关键

1. 炒时动作要迅速，火候要控制好，防止炒焦。
2. 菜出锅前或出锅后再撒上些蒜末味道更好。

举一反三

　　在制作此菜时还可以加入彩椒、胡萝卜等多种颜色的新鲜蔬菜原料改善菜肴的视觉美。

思考题

1. 清炒荷兰豆需要勾芡吗？为什么？
2. 清炒荷兰豆的调味有什么特点？

2-13 干煸青豆芽

烹调方法 煸炒

原料

青豆芽250克、香干30克、色拉油50克、精盐4克、米醋15克、白糖20克、葱白15克。

制作方法

1. 将青豆芽去净豆衣，用清水漂洗干净、沥干水分待用。
2. 香干切成小薄片、葱白切马蹄形。
3. 炒锅上火，舀入色拉油烧热，投入马蹄葱煸出香味后放入香干、青豆芽，不断地用炒勺进行翻动；随即投入米醋、精盐、白糖等调味料调准口味，煸炒至入味成熟，点缀成盘。

成品要求

口味干香脆嫩，色泽碧绿，咸中略透酸甜。

制作关键

1. 必须洗净豆芽的皮衣。
2. 煸炒时火候要旺；加热时间要短，动作要快速；不能有煳味。
3. 在豆芽快要成熟时放米醋效果较好。

举一反三

以此法还可以制作干煸笋丝、干煸鳝鱼。

思考题

1. 此菜加醋的作用是什么？
2. 煸炒烹调方法适宜什么形状原料？
3. 运用煸炒烹调方法制作菜肴有何风味特色？

基础菜肴制作

2-14 炒鲜奶

烹调方法 软炒

原 料

鲜牛奶1袋、鸡蛋6个、熟火腿25克、时令蔬菜20克、精盐3克、味精2.5克、料酒4克、湿淀粉30克、色拉油500克（约耗75克）。

 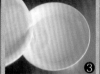

制作方法

1. 将火腿片切成菱形片，绿叶蔬菜焯熟，鸡蛋清放入碗内，加精盐、味精、湿淀粉、牛奶搅匀待用。

2. 炒锅置旺火上滑油后，下油至二成热时，将蛋清牛奶徐徐淋入锅内，凝结成玉白色时，用锅铲轻轻推铲，至浮起成片状，轻轻倒入漏勺控油，用沸清水冲掉余油。

3. 原锅放入清汤、料酒、精盐、味精，用湿淀粉勾芡，即倒入熟火腿片、绿叶蔬菜和鲜奶，用手勺推匀，翻锅淋入明油即成。

成品要求

色彩鲜艳，香鲜嫩滑，咸淡适口，奶香浓郁。

制作关键

原料配比恰当，锅净油清，"热锅冷油"。

举一反三

鸡蛋液、鸡茸、椰浆等都可以此种方法炒制成菜。

思考题

1. 鲜奶可以直接倒在锅里炒制吗？
2. 如何做到成品不碎不焦？

❷
炒、爆类

炒

41

2-15 熟炒鳝丝

烹调方法 熟炒

原 料

笔杆青鳝鱼1000克、蒜泥10克、马蹄葱5克、料酒10克、酱油25克、香醋115克、味精1克、精盐75克、葱结5克、姜片10克、黑胡椒粉少许、湿淀粉25克、熟猪油100克、鸡汤500克。

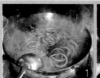

制作方法

1. 锅内放入清水，用旺火烧沸后，加入葱结、姜片、精盐、香醋，速倒入鳝鱼，盖紧锅盖焖到鳝鱼嘴张开捞出，然后将鳝鱼逐条放在案板上，左手捏住鱼头，右手持竹刀从长鱼的鳃部插进，划下腹肉，再划下背肉。

2. 取鳝鱼背肉（腹肉另作他用），一掐两节，用沸水氽熟。

3. 取小碗一只，放入酱油、香醋、料酒、黑胡椒粉、白糖、味精、鸡汤（15克）、生粉用筷子调成兑汁芡。

4. 锅继续置旺火上，放入熟猪油100克，投入蒜泥、马蹄葱炸香，放入烫制好的鳝鱼脊背肉，推炒均匀，颠锅装盘，撒上黑胡椒粉即成。

成品要求

脊背肉乌光烁亮，软嫩异常，清鲜爽口，蒜香浓郁，咸甜适口。

制作关键

1. 必须选用鲜活的笔杆粗细的小鳝鱼，一定要现划现炒。

2. 烹炒时，火要旺、动作要快。

3. 除正常调味品外，蒜泥、马蹄葱、黑胡椒粉是不可缺少的。

举一反三

可以变化辅料，制作成青椒炒鳝丝、韭黄炒鳝丝、洋葱炒鳝丝等。

思考题

1. 炒鳝丝不用滑油，而用开水或鸡汤冲烫，对保持风味特色有何作用？对于其他炒菜是否有借鉴作用？

2. 炒好鳝丝需要哪三要素？

3. 制作炒鳝丝这道菜一般是重油、重芡，为了能适应现代生活需求，能改进吗？如何改进？

2-16 银芽鸡丝

烹调方法 滑炒

原　料

生鸡脯肉300克、绿豆芽250克、鸡蛋清1个、熟火腿丝10克、水发香菇丝10克、色拉油500克(约耗75克)、麻油5克、料酒1克、精盐2.5克、绵白糖1克、湿淀粉5克、味精1克。

① ② ③ ④ ⑤ ⑥ ⑦

制作方法

1. 将鸡脯肉剔去筋膜，批成片，再切成丝，放入碗中，加盐0.5克、鸡蛋清、湿淀粉15克上浆。

2. 绿豆芽摘去头、根洗净，放入沸水锅中烫一下，捞出，滤去水。碗中加盐、料酒、绵白糖、味精、湿淀粉（5克）调和成调味汁。

3. 旺火热锅，舀入色拉油，至四成热时，放入鸡丝，用筷子轻轻拨散，倒入漏勺滤去油。原锅仍置旺火上，加猪油25克，放入绿豆芽、火腿丝、香菇丝翻炒几下，再放入鸡丝炒匀，倒入调味汁颠翻，淋上麻油再颠匀，起锅装盘即成。

成品要求

银芽爽脆，鸡丝鲜嫩，味美可口，色彩悦目。

制作关键

1. 须用急火速炒，切不可将绿豆芽炒出汤(断生即可)，将鸡丝炒老。

2. 绿豆芽煸炒前须在沸水锅中烫一下。

举一反三

用新鲜的刚上市的水果菠萝丝、梨丝作为配料，加以提高菜肴的口感和风味。

思考题

1. 银芽鸡丝可以选用黄豆芽作配料吗？

2. 炒银芽鸡丝时豆芽焯水有什么作用？

2-17 回锅肉

烹调方法 熟炒

原　料

猪腿肉300克、青蒜段50克、精盐0.5克、甜面酱10克、郫县豆瓣15克、红酱油10克、豆豉2.5克、色拉油25克。

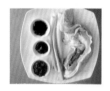

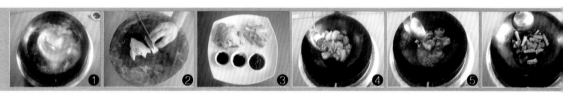

制作方法

1. 将肥瘦相连的带皮猪肉刮洗干净，放入汤锅内煮至肉熟皮软为度(切勿煮过烂)，捞出稍晾后，切成5厘米长、4厘米宽、0.3厘米厚的片。豆瓣、豆豉剁碎。

2. 炒锅置中火上，放油烧热，下肉片略炒，至肉片卷呈灯盏窝状，下豆瓣炒上色，放入甜面酱、红酱油、豆豉、精盐，再放入青蒜段炒熟装盘即成。

成品要求

　　肉片卷曲，红绿相衬，咸中带甜，微辣醇鲜，味浓而香。

制作关键

1. 肉片要厚薄均匀，大小一致。成熟后，卷曲才能美观。

2. 肉片煸炒时，要掌握好火候，煸老，干而无味；煸嫩，肥而不香。

举一反三

　　用芹菜、芦篙代替青蒜，也可以制作出各具风味的回锅肉。

思考题

1. 回锅肉煮得太熟对成品有什么影响？
2. 回锅肉能选用猪前腿肉为原料吗？

2-18 干煸牛肉丝

烹调方法 干煸

原　料

牛里脊肉250克、芹菜净75克、清油100克、郫县豆瓣40克、酱油15克、醋1克、料酒20克、味精1克、花椒面0.5克、姜丝1克、香油适量。

 ① ② ③ ④ ⑤  ⑥

制作方法

1. 将牛肉切成6厘米长、0.3厘米粗的丝。芹菜摘洗干净，切成长约3.5厘米的段，豆瓣剁细。
2. 清油下锅烧至七成热，下牛肉丝反复煸炒至水汽收干时，烹入料酒，放豆瓣、姜丝继续煸炒，至牛肉酥时放酱油、芹菜，炒至芹菜断生即放醋、味精、香油，快速炒匀装盘，撒上花椒面即成。

成品要求

肉丝红润，口味干香，芹菜翠绿，口感爽脆，咸香适口。

制作关键

制作此菜，掌握好火候是成败的关键。牛肉丝一定要煸至水分收干，切不可水分太重，否则牛肉会软绵而不酥香；芹菜下锅炒断生要迅速起锅，否则变色不脆。

举一反三

有韧性的动物性原料猪肉、鱿鱼等都可以用相同的方法制作出风味特点类似的菜肴。

思考题

1. 干煸是哪个菜系代表的烹调方法？
2. 哪些原料适合制作干煸菜肴？

❷ 炒、爆类 炒

2-19 西红柿炒鸡蛋

烹调方法 软炒

原 料

西红柿25克、鸡蛋4个、色拉油30克、精盐5克、料酒2克、味精3克。

制作方法

1. 将西红柿洗净后用沸水烫一下，去皮、去蒂，切1厘米的厚片待用。
2. 将鸡蛋打入碗中，加盐，用筷子充分搅打均匀待用。
3. 炒锅放油20克烧热，将鸡蛋放入锅中炒熟盛出待用。
4. 将剩余的油烧热，下西红柿片煸炒，放盐、糖炒片刻，倒入鸡蛋翻炒几下出锅即成。

成品要求

色彩鲜艳，番茄、鸡蛋块形整齐，不煳不烂，菜质软嫩，滋味酸甜鲜美。

制作关键

炒时注意油温和时间，炒番茄时火要旺，速度要快。

举一反三

西红柿可以用黄瓜、丝瓜、葫芦瓜等原料代替，都可烹调可口小菜。

思考题

1. 西红柿炒鸡蛋对西红柿成熟度有什么要求？
2. 西红柿炒鸡蛋如何把握火候？

基础菜肴制作

2-20 香菇菜心

烹调方法 煸炒

原 料

水发冬菇200克、青菜心200克、精盐10克、味精10克、酱油5克、白糖20克、精制油1000克（约耗50克）、高汤300克。

 ❶ ❷ ❸ ❹ ❺ ❻

制作方法

1. 将水发冬菇剪去根蒂，洗净，放入扣碗，加入150克高汤，上笼蒸30分钟，待用。青菜头剥去老皮，菜头修尖，洗净。

2. 起水锅，放入1000克水烧沸，放入菜心焯水约五成熟，倒出，用冷水冲一下，冷透，待用。

3. 起油锅六成热，将青菜心放入过油，捞出，留底油，将青菜心倒入，加少量高汤、精盐、味精，调味，成熟后倒出，排列在盘子周围。再烧油锅放20克精制油，放入蒸好的冬菇，加高汤、酱油、白糖收汁勾芡放入青菜心中间，即成。

成品要求

造型整齐，青菜碧绿爽口，咸鲜适口，冬菇软香入味，咸甜味浓。

制作关键

青菜心焯水、焖油要适度，保持青绿；冬菇一定要加高汤蒸透才能软香。

举一反三

用小青菜代替菜心可制作香菇青菜，在其中加入适量金钩、火腿可使味道更加鲜美，并且提高了菜肴的档次。

思考题

1. 香菇菜心应选择什么样的青菜？
2. 香菇菜心的调味有什么特色？

❷ 炒、爆类 炒

2-21 炒凤尾虾

烹调方法 滑炒

原　料

大虾500克、菜心25克、笋尖25克、葱姜末少许、清汤30克、料酒10克、味精1克、精盐1.5克、小苏打1克、干淀粉5克、色拉油1000克（约耗35克）。

制作方法

1. 将虾去头、去皮、留尾、从脊背剖开、抽去虾肠、洗净成凤尾虾仁。把菜心从中间劈开，笋尖切成与虾仁大小相近的菱形丁。

2. 将凤尾虾仁放入碗内，加入小苏打、干淀粉、少许料酒、精盐，拌匀上浆后静置1小时。菜心、笋丁用沸水焯熟后捞出。把清汤、料酒、味精、精盐在小碗内兑成汁备用。

3. 炒锅内放入油，用旺火烧至四成热时，放入虾，用铁筷子拨散滑熟，快速捞出，炒锅内留油少许，放入葱姜末炝锅，加入配料，倒入兑好的清汁，颠翻均匀出锅即成。

成品要求

清淡鲜嫩，色泽美观，咸鲜适口。

制作关键

1. 虾的出肉加工要保持形状完整，虾肠要去干净。

2. 虾的嫩度要控制好。

举一反三

　　在炒制凤尾虾时加火腿末作配料，加入黄瓜片作辅料，其口感、风味也很好，虾仁上不留虾尾则为炒虾仁。

思考题

1. 如何剥制凤尾虾？

2. 炒凤尾虾要上浆吗？上浆时要注意哪些问题？

基础菜肴制作

爆

爆是用沸油猛火急炒或用沸水、沸汤急烫使小型原料快速致熟成菜的烹调方法。

爆按所用导热介质的不同分为油爆、水爆和汤爆，按调味方法的不同分为酱爆、芫爆、葱爆等。无论是哪种爆法它的共同点是要选用质地鲜嫩或脆嫩的原料，原料一定要经过精细的刀工处理，或剞上花刀，或加工成均匀的薄片、细丝。因为爆菜的整个过程只有数秒钟，为了加快成菜的速度，在油爆时都使用对汁芡。

② 炒、爆类

2-22 糖醋鱿鱼卷

烹调方法 油爆

原 料

水发鱿鱼350克、冬笋50克、油菜心30克、酱油15克、料酒15克、味精2克、精盐2克、白糖50克、醋25克、水淀粉30克、面粉50克、葱5克、姜5克、花生油500克（约耗75克）、清汤100克。

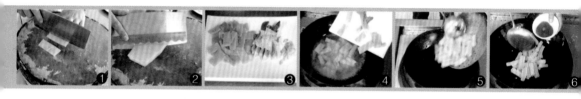

制作方法

1. 将水发鱿鱼去尽表面的皮膜，剞成麦穗花刀后改成长5厘米、宽2厘米的长方块；葱姜均切末；冬笋切片与油菜心分别用沸水焯熟，将鱿鱼块放入沸水锅内烫至卷起，捞出滤净水。

2. 碗内加入葱姜末、酱油、料酒、精盐、味精、白糖、醋、水淀粉和少许清汤调匀制成对汁芡。

3. 锅内倒入花生油用旺火烧至八成热时，将鱿鱼卷放入锅内爆至九成熟，捞出控净油。

4. 锅内留底油烧热，倒入碗芡和鱿鱼、笋片、菜心推炒，至芡汁成熟，包裹均匀时淋油装盘。

成品要求

色泽金黄明亮，鱼卷挂满芡汁，质脆鲜香，味酸甜适口。

制作关键

1. 鱿鱼卷刀工处理要均匀得当，用沸水焯至卷起即可。

2. 油温要热才能保证鱿鱼卷脆嫩鲜香，芡汁浓度适宜，过稀不挂汁味薄，过稠则腻口，且酸甜应适度。

举一反三

鱿鱼爆制时除剞麦穗花刀外，还可以剞卷形花刀、荔枝花刀、批成薄片、切成细丝；调味也可以根据顾客需要灵活变化，咸鲜、咸辣、酸辣都是常用的口味。

思考题

1. 糖醋鱿鱼卷不用对汁芡行吗？为什么？
2. 使用鲜鱿鱼和水发鱿鱼有什么不同？

基础菜肴制作

50

2-23 葱爆羊肉

烹调方法 葱爆

原 料

羊腿肉200克、京葱200克、大蒜头1瓣、花椒粉少许、料酒20克、酱油50克、盐2克、醋2克、花生油500克、麻油20克、味精2克。

制作方法

1. 将羊腿肉去筋，顶刀切成大薄片；京葱切片，蒜切片。

2. 羊肉漂去血水后用酱油、盐、料酒、生粉上浆；另用小碗加入酱油、盐、味精、高汤、生粉调成对汁芡。

3. 锅内加入花生油，烧至七成热，倒入羊肉片，爆至肉片变色倒出沥油。

4. 锅留底油，烧至八成热，倒入蒜片、葱片爆至断生，倒入羊肉片和对汁芡，翻炒均匀，再淋入麻油、香醋，撒上花椒粉出锅装盘。

成品要求

羊肉片薄而均匀，色泽红润，质地鲜嫩，无羊膻气，口味咸淡适中。

制作关键

羊肉要去净筋膜，顶刀切成薄而均匀的片；爆制油温和成熟度要适中，防止肉片炸老。

举一反三

羊肉片可上水粉浆后油爆，也可以不上浆直接爆炒，还可以用芫爆、酱爆成菜。

思考题

1. 哪些部位的羊肉可以用来爆炒？
2. 羊肉能不能上蛋清浆？为什么？

2-24 酱爆肉丁

烹调方法 酱爆

原料

猪肉200克、笋丁50克、葱和姜各20克、甜面酱20克、白糖5克、酱油10克、湿淀粉25克、高汤50克、鸡蛋清1个、香油5克、花生油500克(约耗50克)。

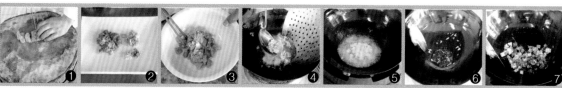

制作方法

1. 将猪肉批成1.2厘米厚的大片,两面交叉剞上0.2厘米宽的花刀,再改切成1.2厘米见方的丁,放入碗内加蛋清、湿淀粉、盐、味精抓匀上浆。笋切1厘米见方的丁,用水焯熟。

2. 勺内放花生油烧至五成热时,投入上浆的肉丁划熟,倒入漏勺内,控净油。

3. 勺内留油少许,加葱姜、甜面酱煸炒至出香味时,加高汤、笋丁、酱油、白糖稍炒,加上肉丁搅动颠翻均匀、淋上香油,盛入盘内即成。

成品要求

色泽酱红,肉丁大小均匀,质嫩味鲜,酱香浓郁,咸甜适口。

制作关键

1. 花刀要均匀,划油时成熟度要适中。
2. 成菜速度要快。

举一反三

肉丁还可以剞菊花花刀、爆制菊花肉丁。采用莴笋、荸荠作为配料,成菜口感、风味也很好。

思考题

1. 酱爆肉丁应选择什么样的猪肉?
2. 酱爆肉丁和酱爆鸡丁在加工工艺上有何异同?

基础菜肴制作

2-25 油爆腰花

烹调方法 油爆

原。 料

猪腰子3个(约重500克)、水发木耳25克、笋片25克、大葱15克、蒜瓣10克、酱油8克、料酒5克、香油5克、醋10克、味精1克、高汤50克、湿淀粉20克、植物油400克(约耗75克)。

制作方法

1. 将腰子一片两扇，片去腰臊，打上麦穗花刀，改成1.5厘米宽的条；葱切豆瓣状，蒜切片。将高汤、酱油、料酒、湿淀粉调制成对汁芡。

2. 锅内加植物油烧至约180℃，放入腰子爆至断生，立即倒入漏勺中沥油。

3. 锅内留油25克，用葱蒜炝锅，放笋、木耳稍炒，放入腰子，淋上醋，倒入对好的粉汁和香油，急火颠翻均匀出锅装盘即可。

成品要求

腰花卷曲成麦穗型，刀纹清晰均匀，肉质脆嫩鲜美，芡汁紧裹。

制作关键

1. 腰臊去净但不能片去肉。

2. 剞花刀时刀纹深浅要一致，且直刀纹要略深于斜刀纹，刀距要均匀。

3. 油爆时要求高油温、短时间一促即好。

4. 为了保证菜肴的脆嫩，要采用碗内对汁勾芡的方法。急火短时间使卤汁全部包裹在原料上。

举一反三

爆腰花是一个常用菜，腰子还可以剞成荔枝形、卷形、鱼鳃形花刀或批成薄片，调味可以是咸鲜、咸甜、酸甜等，配料也可以灵活地进行变化。

思 考 题

1. 腰花的花刀可以随便剞在腰子的哪一面吗？为什么？

2. 爆腰花中一定要淋醋吗？有什么作用？

②
炒、爆类

爆

2-26 油爆虾

烹调方法 油爆

原 料

大虾300克、葱段15克、料酒15克、酱油25克、白糖25克、醋15克、花生油500克(约耗50克)。

   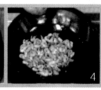

制作方法

1. 将虾剪去钳、须、脚，洗净，控干水分。

2. 炒锅内放入花生油，用旺火烧至八成热时，放入大虾，用手勺不断推动，速炸5秒钟左右，用漏勺捞起，控油，待用。

3. 将炸油倒出，加入葱段，再将虾放回炒锅内，加料酒、白糖、酱油，用旺火略炒，颠翻炒锅，烹入醋，出锅装盘即可。

成品要求

大虾壳脆肉嫩，酸甜、咸鲜适口。

制作关键

油爆时油温要高，要爆至壳肉分离。

举一反三

油爆虾的原料以大青虾为好，也可以用白虾、小对虾、斑节虾等制作。

思 考 题

1. 油爆大虾选用什么虾较好？

2. 油爆大虾的油温对成菜质量有什么影响？

基础菜肴制作

2-27 芫爆里脊

烹调方法 芫爆

原 料

猪通脊肉250克、鸡蛋清1个、香菜100克、葱丝10克、姜汁10克、蒜片10克、料酒10克、精盐2克、味精2克、胡椒粉1克、湿淀粉25克、麻油25克、精炼花生油750克（约耗50克）、醋5克。

❶ ❷ ❸ ❹ ❺ ❻ ❼

制作方法

1. 通脊肉顶刀切成薄片，用水漂去血水，挤干水分，加酒、盐、味精、蛋清、湿淀粉上浆。

2. 香菜切段与葱丝、蒜片、姜汁、盐、料酒、味精、醋、胡椒粉一起，调成清汁。

3. 锅置旺火上烧热，滑锅后，加油烧至五成热，倒入肉片滑散、滑熟沥油，原锅放少许麻油，倒入香菜、调味汁，翻炒几下，即下肉片翻炒均匀，淋上麻油出锅即成。

成品要求

肉片厚薄均匀、滑嫩爽口，咸鲜适中，芫香浓郁。

制作关键

1. 肉片爆制油温适当，成熟度适中。
2. 调味品的比例要掌握好。

举一反三

常见的芫爆菜肴还有芫爆鸡片、芫爆鱿鱼、芫爆牛百叶等。

思考题

1. 芫爆法是哪个菜系典型的烹调方法？
2. 芫爆里脊与爆鱿鱼卷在火候使用上有什么区别？

2-28 汤爆肚仁

烹调方法 汤爆

原　料

生猪肚尖400克、熟火腿20克、冬笋20克、冬菇5克、绿叶菜50克、精盐3克、小苏打2克、料酒10克、白胡椒粉1克、高级清汤750克、味精2克。

制作方法

1. 将肚尖用刀剖开，摊平，铲去外皮，刮去肉里油腻，修齐边沿，两面用直刀交叉剞五分之三深，成蓑衣花刀，再切成5厘米长、3厘米宽的长方块，放清水中，加入小苏打，浸泡1小时后，用清水漂净。
2. 火腿、冬笋切成相同大小的柳叶片，冬菇切片。
3. 汤锅上火，放入毛汤500克烧沸，将肚片倒入略烫，捞入汤碗内，加料酒、味精。将冬笋、冬菇、绿叶菜倒入锅内略烫。捞出放在肚片上，舀入清汤，撒上白胡椒即成。

成品要求

汤清澄见底，肚仁脆嫩，汤鲜味美。

制作关键

1. 剞肚仁的深度要一致。
2. 烫过肚仁的汤不用，另用清汤。

举一反三

蜇头、鸡胗、鱿鱼都可以用这种烹调方法爆制成菜。

思考题

1. 如何才能保持肚仁的脆嫩？
2. 应注意哪些关键环节才能使汤汁清澈见底？

烧

烧 是将经过初步熟处理的原料，加入适量汤水，先用旺火烧开，用中小火烧制入味，再用旺火收汁成菜的一种烹调方法。

　　根据烧制时调味品的不同，烧可以分红烧和白烧；根据初步熟处理的方法不同，烧又有煎烧、软烧之分；根据调味不同又有葱烧、酱烧、干烧等。

　　总之，烧是一种运用广泛的烹调方法，它选料范围广，特别适用于质地较老的动植物原料，烧制成品的共同特点是质烂味浓。

3-1 樱桃肉

烹调方法 红烧

原 料

猪五花肉600克、栗子150克、白果15克、料酒15克、精盐1克、酱油10克、米醋35克、白糖80克、味精2克、红曲汁2克、鸡汤400克、葱5克、姜5克、花生油800克(约耗100克)。

制作方法

1. 将猪肉用温水洗净,刮净皮上脏物,改刀成白果大小方块。白果去壳,放入热油中炸熟,去皮,下锅煨烂捞起。栗子用水煮一下,去皮壳待用。葱切段,姜切片待用。

2. 炒锅上火舀入花生油,烧至八成热时,将肉下锅稍炸一下,捞起沥油。原锅留底油重新上火,放入葱姜略煸,倒入鸡汤,放入肉块,加料酒、精盐、白糖、酱油、醋、红曲汁。旺火烧开后,移至小火上焖烂,再用旺火收稠芡汁即成。

成品要求

　　形似樱桃,肥烂香醇,入口即化,红黄相映,鲜艳悦目。

制作关键

1. 肉丁下锅炸时,不可过火。
2. 须旺火烧开后,再移小火焖烂。

举一反三

　　猪肉、牛肉、羊肉都常用此烹调方法制作菜肴,如果不用红曲米而改用酱油、糖色上色则称为红烧肉。

思考题

1. 樱桃肉选择猪肉原料的要求是什么?
2. 樱桃肉除切成小块的造型外还可以加工成其他形状吗?

3-2 红烧鱼块

烹调方法 红烧

原　料

青鱼中段750克、姜片2克、葱段3克、料酒5克、酱油50克、绵白糖10克、花生油750克。

制作方法

1. 将青鱼中段洗净，沿背脊剖开，剁成4厘米见方的块，洗净沥水待用。
2. 炒锅上火烧热，放花生油，至七成热放入鱼块炸制2分钟，倒出沥油。
3. 锅留底油，放入葱段、姜片略炸，放入鱼块，加料酒、酱油、绵白糖、清水少许，加盖烧沸，移小火焖透，再上旺火收稠汤汁，拣去姜葱，淋油，装盘即成。

成品要求

　　色泽棕红，汤汁浓厚，鱼肉鲜嫩，口味咸甜。

制作关键

1. 烧鱼宜一气呵成，小火焖制时间不能长，否则鱼蛋白易变性，肉质发老。
2. 大火收稠汤汁不加淀粉芡，汤汁自然黏稠为好。

举一反三

　　形体较大的鱼剁成块、段红烧，形体较小的鱼整条烧制，烧制工艺相同。

思考题

1. 如何使烧鱼块上色更好？
2. 烧鱼块应如何控制火候？

3-3 干烧鳊鱼

烹调方法 干烧

原 料

鳊鱼1条(500克)、姜末50克、葱末50克、蒜片20克、醪糟汁25克、郫县豆瓣酱15克、泡辣椒末10克、精盐5克、肉汤50克、白糖25克、料酒10克、味精5克、酱油10克、醋10克、精炼油100克、猪肥瘦肉50克。

制作方法

1. 将鱼去鳞、鳃和内脏后洗净，在鱼身两面剞上密一字形花刀。将猪肉剁碎。

2. 将鱼全身抹上酱油，放入急火旺油锅内炸至鱼身金黄时捞出控油。

3. 锅内加底油、加葱姜末和泡辣椒末炒香，再加郫县豆瓣酱，炒出红油后加入醪糟汁、料酒、醋、白糖、精盐、酱油、肉汤，将鱼入锅。烧开后加盖用小火烧煮，要勤晃动，防止粘锅。待鱼熟透时加味精用大火收汁。起锅时烹醋、淋上油即成。

成品要求

色泽红亮美观，鱼肉细嫩鲜美，香味浓郁，咸辣可口。

制作关键

1. 加入郫县豆瓣酱后要炒出红油。

2. 在烧制时要勤晃锅，防止粘锅。

举一反三

不仅鱼类可用干烧的方法成菜，很多的蔬菜，如四季豆、茄子、蘑菇、萝卜等也可以用来干烧。

思考题

1. 什么是干烧？干烧是哪个菜系的代表烹调方法？

2. 哪些鱼常用来作为干烧的原料？

基础菜肴制作

3-4 烧虾饼

烹调方法 白烧

原　料

虾仁300克、生猪肥膘肉50克、水发木耳10克、熟笋片50克、鸡蛋2个、雀舌葱10克、料酒5克、湿淀粉6克、葱末3克、精盐2克、鸡清汤400克、酱油5克、味精3克、熟猪油100克。

制作方法

1. 虾仁洗净挤干水分，斩成茸，肥膘肉亦斩成茸，放入碗内，加鸡蛋、葱末、湿淀粉6克、料酒5克、精盐2克，搅拌上劲成虾糊待用。

2. 炒锅上中火烧热，放熟猪油50克滑锅。待锅热后，左手抓虾糊，从食指和大拇指中间挤出虾糊，右手用中指、食指、无名指掐成虾丸，略用劲摔在锅内成圆饼形，两面煎成淡黄色(火不能大)出锅待用。

3. 炒锅上火，放熟猪油10克，至七成热，投入雀舌葱略炸，放入鸡清汤、虾饼、木耳、笋片、料酒、酱油、精盐烧沸后加味精，用湿淀粉勾芡，起锅装盘。

成品要求

虾饼扁圆浅黄，入口鲜嫩，咸淡适中。

制作关键

虾馅吸水率低，调制虾茸不可加水。

举一反三

此法现吃现做，原料新鲜，成菜快。鸡肉、鱼肉、猪肉都可以此法烧制成菜。

思考题

1. 烧虾饼应选择什么虾仁作原料？
2. 烧虾饼的虾缔如何调制？

3-5 家常豆腐

烹调方法 红烧

原　料

老豆腐250克、精盐6克、笋25克、料酒10克、麻油10克、猪油100克、青椒15克、豆瓣酱10克、鸡汤250克、冬菇15克、酱油15克、湿淀粉10克、猪瘦肉25克、葱段少许。

制作方法

1. 将豆腐沥去水分，批成厚1厘米、长宽5厘米的方块。肉切成薄片，笋、青椒、冬菇也改刀成片。

2. 锅上火烧热，放少许猪油，放入豆腐煎至两面金黄色，起硬壳出锅。锅重新上火放入猪油，投入肉片、冬菇、笋、青椒，煸炒一下，随即放入豆瓣酱炒至红色时，将配料摊平，投入排列整齐的豆腐，加入酱油、盐、料酒、鸡汤烧沸，转小火焖5分钟左右，移至旺火，收稠卤汁，勾薄芡，翻锅，淋麻油，装盘即成。

成品要求

块形整齐，色泽红亮，吃口软嫩香辣。

制作关键

1. 烹制时，要将豆腐烧透，使原料内部入味。

2. 出锅前，要勾薄芡，使卤汁与原料交融，滋味更美。

举一反三

本菜以咸、鲜、香、辣的口味为特色，很多蔬菜、鱼烧制时都可以用这种调味方法。

思考题

1. 什么是家常味？
2. 家常豆腐应选择什么质地的豆腐？

基础菜肴制作

3-6 红烧划水

烹调方法 红烧

原　料

草鱼尾1条（约重500克）、料酒50克、酱油50克、白糖30克、精盐1克、葱段15克、姜末5克、水淀粉25克、熟猪油75克、麻油10克。

制作方法

1. 鱼尾洗净，顺鱼尾脊椎骨将其劈成尾部相连宽度一致的五条，近尾鳍处将脊骨斩断。将鱼肉平摊成扇形，用盐、味精、酱油、葱、姜腌渍十分钟。

2. 热锅放油，烧至七成热，鱼下锅，两面煎制一下，倒出。

3. 锅留余油，依次放入葱段、酱油、白糖、水、鱼，旺火烧开，盖上锅盖小火焖15分钟，揭开锅盖，加入味精，大火收汁、勾芡、起锅装盘。

成品要求

造型整齐，色泽红亮，口味咸甜。

制作关键

1. 煎鱼时要保持好形状的完整。

2. 收汁时注意不能焦煳。

举一反三

鱼尾劈开成扇形的造型比较美观，这种造型方法也可以用于蒸、烤等；红烧划水时也可以直接将鱼尾劈开成五条，将鱼头和鱼尾一起烧制则为红烧下巴划水。

思考题

1. 红烧划水应选择什么鱼作为原料？

2. 红烧划水如何刀工成形？

3-7 葱烧野鸭

烹调方法 葱烧

原料

光野鸭1只（1250克）、酱油60克、葱白段125克、白糖20克、桂皮5克、水淀粉15克、虾子5克、香油15克、料酒35克、烹调油500克、姜10克、熟猪油60克、味精2克。

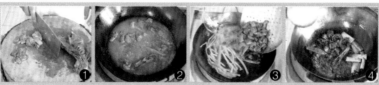

制作方法

1. 光鸭上炭火燎掉绒毛，用刀在脊背剖开挖尽内脏，肫剖开撕去肫皮，肝摘去胆，洗净后将鸭子剁成4厘米长、3厘米宽的块，与肫肝一起入沸水锅内焯水5分钟，捞出后，用清水漂洗后待用。

2. 取砂锅放竹垫，野鸭和肫肝一起放入，加清水、熟猪油、酱油、葱白段（1克）、姜、桂皮、白糖、虾子、料酒，上旺火烧沸，再移微火焖2小时至酥烂待用。

3. 炒锅上旺火烧热，放烹调油50克，至八成热投入葱白段炸黄，将砂锅中的野鸭倒入，加入味精，用旺火收汁后，用水淀粉勾芡，淋上葱油出锅装盘。

成品要求

色泽红亮，皮肉酥烂，葱香浓郁，口味浓厚，咸甜适口。

制作关键

1. 鸭子两次清洗一定要漂净血水。
2. 注意烧制火候，保证成品口感。

举一反三

葱烧香气浓郁，特别适用于腥膻异味重的原料，鸭子、野兔、海参、鱼唇都是常用来制作葱烧菜肴的原料。

思考题

1. 野鸭跟家养鸭有什么不同？
2. 葱烧野鸭有什么特色？

基础菜肴制作

煮

煮法就是将原料放置在锅中直接用汤或水将原料加热至熟的一种成菜方法。在加热过程中一般采用先旺火后中火或先旺火再小火的方法，旺火的作用在于快速加热成熟和使得汤汁浓稠，中、小火主要使原料入味、酥烂。

在一般情况下，煮法多使用铁锅、铝锅或不锈钢锅，成品主要以汤菜为特色，汤菜并重，无需勾芡。煮制菜肴一般不需要达到酥烂的效果，对于质地老韧的原料或异味较大的原料，往往需要经过预熟加工或去异味特殊加工后再行煮制。

对于煮制浓汤的菜肴，要选择新鲜的原料，在煮制过程中要注意运用火候，把握料、水比例，而且调味品也不宜加入过早。

3-8 萝卜丝鲫鱼汤

烹调方法 煮

原　料

鲜活鲫鱼1尾（约400克）、白萝卜250克、料酒10克、熟猪油100克、精盐5克、味精2克、葱结5克、姜片5克。

   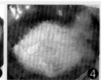

①　②　③　④　⑤

制作方法

1. 将鲜活鲫鱼宰杀洗净后两面剞上斜一字形花刀待用；白萝卜洗净，削皮后切成5厘米长的细丝，放开水锅中焯水待用。

2. 将锅烧热加入熟猪油50克，投入葱姜略煸后放入鲫鱼两面略煎，加入料酒，清水烧沸，撇去浮沫后加入余下的猪油，盖上锅盖用旺火烧至汤呈乳白色时拣去葱姜，投入萝卜丝，大火烧4～5分钟，然后加精盐、味精再焖制2分钟即可入碗上桌。

成品要求

汤色乳白，鲜美味厚，营养丰富。

制作关键

1. 原料应该选用鲜活的鲫鱼。
2. 煎时注意鱼形态的完整和火候的大小。
3. 用油应该选择猪油。
4. 盐应该在汤色乳白稳定后再加入。

举一反三

　　这是一个用鲫鱼为原料制作的奶汤菜肴，可以将鲫鱼换成其他鱼类如鳅鱼、鲶鱼、黄鱼、鲢鱼等来制作此类菜肴，也可以将萝卜改为粉丝、银芽、香菜等配料来制作成菜。

思考题

1. 怎样才能使萝卜丝鲫鱼汤没有腥味？
2. 怎样才能使萝卜丝鲫鱼汤汤色浓白？

3-9 煮干丝

烹调方法 煮

原 料

白豆腐干500克、熟鸡丝50克、虾仁50克、熟鸡肫50克、肝片50克、火腿丝10克、笋片10克、豌豆苗5克、鸡蛋清半个、熟猪油30克、酱油5克、精盐6克、虾籽4克、鸡清汤750克、湿淀粉2克。

制作方法

1. 将豆腐干放在砧板上，用薄刀批成薄片，再切成细丝，放沸水钵内浸烫，用筷子拨散，捞出换沸水反复烫两次（每次2分钟），捞出挤干水分，放碗内。另取碗一只，放入鸡蛋清半个，加精盐、湿淀粉调匀，放入虾仁拌匀上浆。

2. 炒锅上火，放熟猪油五钱，将虾仁炒熟放碗中。豌豆苗用沸水焯后捞起沥去水待用。

3. 炒锅上火，放清鸡汤750克，放入干丝，再将鸡丝、鸡肫肝片、笋片放锅内一边，加虾籽、猪油，烧煮至汤汁渐浓、呈乳白色时，加入精盐，盖上锅盖焖烧五分钟左右起锅，干丝盛入碗中，上盖鸡丝、肫肝片、笋片、虾仁、火腿丝，将豌豆苗围在四周即成。

成品要求

干丝绵软爽口，配料色彩鲜明，汤汁醇厚味美，咸鲜适口。

制作关键

1. 干丝去黄干味反复用水烫，在水中要上下轻轻翻动，使干丝松散不成团。

2. 汤汁要好，入锅烹煮入味，不易久煮或复煮，防止结团。

举一反三

这是一个用豆腐方干制作而成的工艺菜肴，可以将豆腐方干换成百叶来制作此菜，萝卜、莴笋、粉丝等原料也可以加工成丝状，用奶汤煮制成菜。

思考题

1. 煮干丝选择豆腐干原料时有什么要求？
2. 煮干丝要经过哪些初步加工？

3-10 水煮牛肉

烹调方法 煮

原 料

净牛肉250克、芹菜100克、青蒜50克、大葱50克、鲜汤500克、菜籽油150克、干辣椒10克、花椒20余粒、姜末5克、精盐5克、豆瓣50克、料酒15克、酱油15克、湿淀粉50克、味精0.5克。

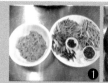

制作方法

1. 牛肉切成4厘米长、2.6厘米宽的薄片，芹菜、青蒜、大葱切成5厘米长的段，豆瓣剁细，干辣椒切成节。

2. 炒锅置旺火上，下油烧热，下干辣椒、花椒炸至深黄色时起锅，倒在案板上用刀剁细；油锅中即下豆瓣、姜末炒上色，掺鲜汤，放酱油、料酒烧沸，下芹菜、大葱煮至断生，将菜捞出放在汤碗内垫底。牛肉片用料酒、精盐、湿淀粉拌匀后，抖散入锅内，煮2分钟至断生，放入青蒜、味精后，盛在碗里，在上面撒上剁碎的干辣椒和花椒，再用50克菜籽油烧沸淋在肉片上即可。

成品要求

色泽红亮，香味浓烈，肉片鲜嫩，麻、辣、烫口感突出。

制作关键

1. 牛肉片在拌湿淀粉时要拌得厚一些，否则不嫩。

2. 牛肉片在下锅后必须用炒勺或筷子将其轻轻拨散，以免粘连。

3. 干辣椒和花椒在炸油时注意不要炸煳，油温不宜太高。

举一反三

这是一道用牛肉为原料经水煮制成的菜肴，沿用此法可以将牛肉换成鱼肉、小龙虾、鸡、鸭、鹅肉等制作成菜，也可以根据季节的变化而适时改变配料形成不同特色。

思 考 题

1. 如何调制水煮卤？
2. 怎样保证水煮牛肉中牛肉的质感？

基础菜肴制作

68

烩

烩是将多种原料经过初步熟处理后，加工成比较小的形状，组配在一起，再加入鲜汤用旺火加热至沸腾然后再进行勾芡，使之汤菜交融的一种制熟成菜的方法。一般来说，烩菜选用易熟的或者已经成熟的半成品原料，然后将其加工成片、丝、条、丁等较小的料形，采用旺火速成羹汤菜肴，汤菜各半，具有稠滑、清鲜、柔润的特点。

制作此类菜肴的芡汁一般有琉璃芡和米汤芡两种，通常制作兼有汤菜性质的勾以米汤芡，制作大菜时一般勾以琉璃芡。

烩菜在原料上大多使用汆、煮、蒸熟的半成品，有时也使用细小鲜嫩的原料，还可将原料上浆划油以后再行烩制勾芡。

③ 烧、煮、烩、汆、涮类

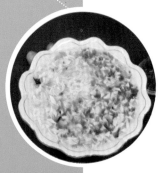

3-11 烩鱼羹

烹调方法 烩

原 料

青鱼1条（1000克）、冬笋25克、水发香菇25克、熟火腿25克、葱姜末5克、酱油0.5克、料酒10克、精盐1.5克、味精0.5克、鸡蛋清1个、淀粉15克、熟猪油500克(约耗50克)。

制作方法

1. 将青鱼刮鳞、去鳃、破腹、去内脏，清洗干净。斩掉鱼头、鱼尾，批下两片鱼肉，去掉脊背骨、胸刺，铲去鱼皮。将鱼肉改刀切成1厘米见方的丁，将配料火腿、冬笋、水发香菇均改成丁形。

2. 将鱼丁用蛋清、精盐、味精、淀粉上浆，抓拌均匀，待用。

3. 炒锅上火，放猪油500克，烧至五成热时，下鱼丁滑油，变色后捞起沥油。炒锅重上火，加猪油少许，炸香葱姜末，放入高汤、冬笋、水发香菇、熟火腿，倒入鱼丁略滚，加精盐、酱油、料酒，兑好口味，加味精，用湿淀粉勾芡，淋油，推匀，装碗即可。

成品要求

配料整齐，鱼肉鲜嫩，汤汁宽厚，咸鲜适口。

制作关键

勾芡后，应迅速推匀，防止结块、结粒，影响口味。

举一反三

这是一道用青鱼肉经过滑油、烩制而成的菜肴，改用鲈鱼、桂鱼制作则效果更好，选用蒜瓣状肉的鱼类制作时还可以先将鱼蒸熟后出肉烩制。

思考题

1. 什么是烩菜，有什么特点？
2. 烩鱼羹最好选用什么鱼？

3-12 烩鸡丝

烹调方法 烩

原料

鸡脯肉250克、火腿50克、水发香菇50克、冬笋50克、精盐6克、味精3克、白胡椒粉3克、葱和姜各5克、麻油5克、色拉油500克(约耗50克)、湿淀粉20克、鲜汤1000克、鸡蛋清1个。

制作方法

1. 鸡脯肉片成薄片摆放好，顺鸡肉纤维切成细丝，放盘中，加入蛋清、精盐、湿淀粉上浆均匀。

2. 把火腿、香菇、冬笋切成细丝。葱切段，姜切片，拍松。

3. 炒锅上火烧热，用油滑锅后，注入色拉油，烧至三成热，将鸡丝放入抖散，断生后捞出沥油。

4. 炒锅上火烧热，留油炸葱、姜炝锅，加入鸡清汤烧沸，捞出葱姜，再依次放入鸡丝、火腿丝、笋丝、香菇丝，烧沸后，加入精盐、白胡椒粉、味精调味，用湿淀粉勾芡，淋入麻油，装盘即成。

成品要求

　　肉丝粗细均匀，肉质鲜嫩，咸鲜适中，食之爽口。

制作关键

1. 鸡丝要切的粗细均匀、长短一致。

2. 滑油时要掌握好油温。

3. 芡的厚薄要适中。

举一反三

　　这是一道用鸡肉为原料加工而成的工艺菜肴，沿用类似的做法可以将精肉、蒸制或煮制成熟的各种鱼肉、甲鱼肉、鸡肉、海鲜、豆瓣、烤鸭、豆腐制作成菜。

思考题

1. 烩鸡丝能否用熟鸡肉制作？

2. 烩鸡丝时能否将其他原料先在汤中煮透，然后再加入鸡丝？为什么？

3

烧、煮、烩、汆、涮类

烩

3-13 双色豆腐羹

烹调方法 烩

原料

豆腐2块、虾仁20克、熟火腿25克、水发木耳10克、熟鸡丝50克、香菜50克、精盐4克、湿淀粉20克、高汤适量。

制作方法

1. 将整块豆腐随冷水下锅煮沸，转小火略焐，捞出沥去水分，改刀成小菱形薄片，用冷水浸泡，反复换水两次待用。
2. 将虾仁用精盐、料酒、湿淀粉、蛋清上浆。熟鸡脯肉、熟火腿切成丁，木耳切菱形，香菜切末待用。
3. 炒锅上火，放入猪油烧至四成热，倒入虾仁滑油，变色时捞出。锅复上火，加猪油少许，放入葱姜略煸，加配料、高汤、精盐、味精及豆腐烧沸后用湿淀粉勾芡，淋明油后先将三分之二装入碗中，锅内余下的放入香菜末搅匀，再装入碗的半边呈绿、白双色即可。

成品要求

色泽鲜艳，豆腐鲜嫩油润，汤汁醇厚，咸鲜适口，油封汤面，入口滚烫。

制作关键

豆腐焯水时要掌握好时间，避免豆腐变老、变硬。

举一反三

这是一道用嫩豆腐为原料加工而成的羹菜，豆腐作羹时也可以加工成丁、末、泥状，配料还可以加入各种肉类、海鲜。

思考题

1. 平桥豆腐应该选用什么豆腐制作？
2. 平桥豆腐要对豆腐做哪些初步加工？

基础菜肴制作

汆

汆是水烹法中的一种，就是原料加工成片、丝等小型的形状或斩成茸泥，放入不同温度的水中，运用中火或旺火短时间加热至熟，再放入调料使成菜的汤多于主料几倍的烹调方法。根据用汤的不同，汆可分为清汆、浑汆两种。

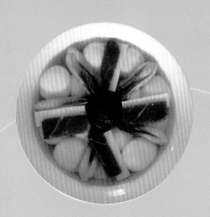

3-14 汆腰片

烹调方法 汆

原　料

猪腰子3只（约350克）、茭白50克、水发木耳50克、料酒5克、榨菜片50克、酱油4克、精盐3克、葱结1只、姜片5克、味精1克、胡椒粉1克、熟猪油5克、鸡清汤1000克。

制作方法

1. 将猪腰撕去皮膜，平剖为两片，剔去腰臊，再斜批成柳叶大片，加葱姜、清水浸泡。
2. 炒锅上火，舀入鸡清汤烧沸，将腰片投入锅内汆至腰片变色，用漏勺捞起，拣去葱结，放入碗内，加料酒、酱油拌匀。
3. 将汆过腰片的汤沫撇去，加茭白、榨菜片、木耳片烧沸，撇去浮沫，加精盐、味精调味，盛入汤碗，放入腰片。

成品要求

腰片鲜嫩，汤汁清鲜。

制作关键

1. 猪腰腰臊要去净，且要浸泡去异味。
2. 汆制时，时间要掌握适度，力求腰片细嫩。

举一反三

猪腰的颜色过于单一，还可以加入些有颜色的蔬菜、水果，以提高视觉效果和增加口感。

思考题

1. 制作汆腰片时如何去除腰子的异味？
2. 汆腰片的火候重要吗？如何掌握？

基础菜肴制作

74

3-15 清汤鱼圆

烹调方法 汆

原料

净青鱼肉150克、茭白30克、水发香菇25克、小青菜30克、精盐10克、味精2克、葱和姜各10克、水少许、料酒5克、鸡清汤750克。

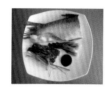

制作方法

1. 将鱼肉用刀拍松放入冷水中浸漂去除血水，沥去水后放在案板上，用刀排斩成细茸。放入大碗中，加入葱姜汁、料酒、适量清水搅匀，再加入精盐7克打至鱼茸上劲，放入味精搅匀成鱼缔。

2. 将炒锅洗净，加入清水，然后将鱼缔用手抓挤成小圆子，放入锅中漂浮水面。将锅上中火，待锅内水温升至95℃时，锅离火养透，捞出放入清水中泡起。

3. 炒锅上火，放入鸡清汤、笋片、香菇烧沸，加入小青菜、盐（3克）、鱼圆烧沸，盛汤碗中即成。

成品要求

洁白细嫩，光润上浮，汤清味鲜。

制作关键

1. 鱼肉一定要漂去血水，并斩细。

2. 鱼茸加水量要适度，多则易散碎失败，少则质老不嫩。

3. 在鱼圆水汆养熟过程中，不能将水烧沸。

举一反三

1. 清汤鱼圆可以根据季节的变化选用不同的绿叶菜点缀。

2. 主料是青鱼，为淡水鱼，也可以用一些海水鱼，如大黄鱼、马鲛鱼制作清汤鱼圆。

思考题

1. 哪些鱼肉适合做清汤鱼圆？

2. 如何调制鱼缔才容易上劲？

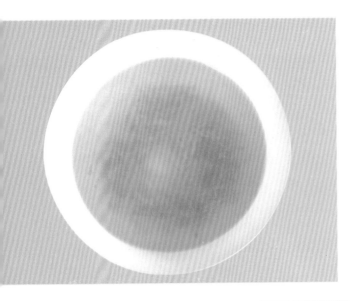

3-16 榨菜肉丝汤

烹调方法 汆

原 料

猪里脊肉100克、榨菜80克、味精2克、肉清汤750克、精盐3克。

制作方法

1. 将里脊肉切成丝放入碗内，加入冷水浸泡出血水，榨菜洗净切成细丝，用冷水浸泡去咸味待用。
2. 炒锅上火，加入清汤烧沸，将榨菜、肉丝下锅汆熟用漏勺捞起，待锅中水沸时，倒入泡肉丝的血水，待血沫浮起，用手勺撇净浮沫至汤清，放入汆熟的肉丝、榨菜，再放入味精、精盐。将汤倒入碗中即可。

成品要求

汤汁清，榨菜脆，肉丝嫩。

制作关键

1. 榨菜丝，肉丝要粗细均匀，长短一致，互不粘结。
2. 要掌握好榨菜丝和肉丝的加热时间，汤切忌滚沸、浑浊。

举一反三

1. 肉丝可用鱼丝或鸡丝来代替从而改善汤的口感。
2. 肉丝还可制成泥然后制成肉线，最后制成榨菜肉线汤。
3. 榨菜还可用笋来代替等。

思考题

1. 榨菜肉丝汤对汤汁有什么要求？
2. 如何保持榨菜肉丝汤成菜后原料的质感？

涮

涮是指由食用者将备好的原料夹入沸汤中，来回摆动至原料成熟的烹调方法。所用炊具以火锅为主，锅中备多量汤水（一般先调好味），供涮制用。原料涮熟后，食用者可根据各自的口味蘸调料食用。常用的蘸料有芝麻酱、花生酱、腐乳卤、酱油、辣椒油、卤虾油、腌韭菜花、香菜末、葱花等。食用者根据需要自行兑制成味碟，也可预先兑好味碟上席。涮法系由食用者自涮自吃，因此具有热烫鲜美、别有情趣的特色。

3-17 涮羊肉

烹调方法 涮

原 料

羊肉750克、白菜头250克、水发细粉丝250克、糖蒜100克、芝麻酱100克、料酒50克、酱豆腐1块、腌韭菜花50克、酱油50克、辣椒油50克、卤虾油50克、香菜50克、葱末50克。

制作方法

1. 将剔尽板筋、肉枣、骨底的羊肉放入冷库−5℃冷藏约12小时，使羊肉冻僵。

2. 将冰冻好的肉削平整，片去肉上的一层薄膜，盖上白布，露出1厘米宽的肉块。当将肉锯切至肉厚度一半时，用刀刃把切好的一半折下，再继续切到底，使每片肉都成对折的两层(目前，行业多用电动斜切机完成切片)。

3. 将各种调料分别盛在小碗中，由食者根据个人喜好调配。火锅内加清水(也可加入适量虾米和口蘑汤)，烧开后即可涮食。

成品要求

选料精致，调料多样，肉片薄匀，涮熟后鲜嫩醇香。

制作关键

1. 宜选用内蒙古所产的小尾巴绵羊，而且要阉割过的公羊。取其上脑、小三岔、大三岔、磨裆、黄瓜条五个部位的肉。

2. 切片时，左手掌应压紧肉块和盖布，每250克肉可以片出20厘米长、5厘米宽的肉片40～50片，要求达到薄、匀、齐、美。

3. 涮食时由食用者将少量的肉片加入火锅里的沸汤中抖散，肉片要随涮随吃，既要充分涮透，又不可久煮。肉片涮完后再放入配料。

举一反三

这是一个荤菜蔬菜主食相结合的菜肴，可以将主料换成牛肉、海鲜等原料，或汤料换成麻辣味，制成涮牛肉、涮海鲜、麻辣涮等菜品。

思考题

1. 什么是涮制的烹调方法？有何特色？
2. 涮羊肉对原料有什么要求？

3-18 菊花火锅

烹调方法 涮

原料

生鸡脯肉100克、生鸡肝100克、净黑鱼肉100克、净对虾肉100克、鲜猪腰200克、净鸭肫仁100克、猪里脊肉100克、生肚仁100克、珍珠水饺200克、生菜250克、菠菜200克、干细粉丝100克、香菜120克、精盐10克、味精3克、料酒30克、白胡椒粉5克、姜末10克、水发香菇100克、香醋100克、番茄酱100克、腌韭菜花50克、麻汁50克、蒜50克、麻油30克、红油50克、青蒜50克、水发海米20克。

制作方法

1. 将原料洗净，粉丝用温水泡透，8种主料片成片，分别在盘中拼摆成各种花形；珍珠饺和四种配料也分别摆放在盘中；香菜、青蒜切末，同味精、精盐、胡椒粉分别装入味碟中。

2. 涮锅放在餐桌中间，将8种主料围着摆成一圈，再将四种配料和四个味碟摆在主料的间缝中。

3. 鲜汤入锅上火，加入香菇、海米，烧沸后，撇去浮沫，倒入菊花火锅；火锅加热，锅中汤沸后，食客用筷子夹住原料，在汤中涮至断生取出，随自己的口味爱好，取一种或几种调料蘸食。

4. 主料、配料涮完后，将珍珠饺放入锅中煮熟，放入青蒜末、香菜食用。

成品要求

　　原料厚薄均匀，片形整齐，装盘美观。

制作关键

1. 荤素原料必须选用新鲜爽脆、小型易熟之料。

2. 菊花锅要大一些，以利于多装汤，涮时要保持汤汁沸腾。

举一反三

　　原料中可以增加高档海鲜原料，提高火锅质量，调味品和蔬菜原料也可以根据当地原料情况变化。

思考题

1. 火锅有什么特点？
2. 多种原料制作火锅时要注意什么？

炖

炖即将原料放在砂锅中，加入多量汤水，小火、长时间加热至原料酥烂、汤清味醇的烹调方法。分为隔水炖和不隔水炖两大类。

不隔水炖指将经过精加工的原料放入足量水的砂锅中，再加入必要的调料，盖严后直接将锅放在火上用小火长时间加热，直至原料烂熟为止。

隔水炖则将经过焯水等初步加工的原料置于陶瓷容器中，加入适量的汤水和必要的调味品，放入蒸笼中蒸制，直至原料熟烂。

另外，根据汤汁的不同还可将炖分为清炖和混炖，小火长时间加热，汤汁澄清的为"清炖"；北方地区有一类炖法，将原料挂糊油炸后再入锅炖制，汤汁浓厚，即为混炖，北方俗称"侉炖"，如侉炖鱼、侉炖肉。

4-1 清炖蟹粉狮子头

烹调方法 炖

原　料

净猪肋条肉800克、蟹黄50克、蟹肉125克、青菜心125克、料酒100克、精盐12克、葱姜汁水300克、干淀粉25克、色拉油50克、猪肉汤300克。

制作方法

1. 将猪肉细切粗斩成石榴粒状，加葱姜汁、蟹肉、精盐（7克）、料酒、干淀粉搅拌上劲。选用7厘米长的青菜心洗净，菜头用刀剖成十字花纹待用。

2. 将锅至旺火上烧热，舀入色拉油40克，放入青菜心煸至翠绿色，加精盐5克、猪肉汤，烧沸离火。取砂锅一只，用色拉油擦抹锅底，再将菜心排入，倒入肉汤，置中火上烧沸。将拌好的肉分成10份，逐份放在手掌心上，用双手来回翻转4～5下，成光滑的肉圆，逐个排放在菜心上，再将蟹黄分嵌在每只肉圆上，上盖青菜叶，盖上锅盖，烧沸后移微火焖约2小时，上桌时揭去青菜叶。

成品要求

砂锅上席，鲜香扑鼻，肥嫩鲜美，用勺舀食，口味鲜美。

制作关键

1. 猪肉要用刀一刀刀切成细粒。

2. 猪肉糜一定要搅拌上劲，否则狮子头易碎。

3. 这是一道火工菜，一定要掌握好火候，火力要小，加热时间要长。

举一反三

这是一道荤、蔬原料搭配的工艺菜肴，也可以鱼肉、虾仁作为主料制作狮子头，也可以将蟹黄、蟹肉改为鱼籽、虾籽、咸蛋黄等辅料。

思考题

1. 清炖蟹粉狮子头应选用什么猪肉？

2. 清炖蟹粉狮子头的肉馅为什么不用斩的刀法加工？

4-2 炖菜核

烹调方法 炖

原　料

青菜心1000克、生鸡脯60克、净熟冬笋30克、火腿30克、水发冬菇15克、鸡蛋清20克、料酒15克、精盐5克、鸡精1克、干淀粉3克、鸡清汤180克、熟鸡油15克、熟猪油750克。

制作方法

1. 修整菜心。选用4～5瓣一棵的菜心，将菜头修削成橄榄形，洗净。将菜心投入100℃油中氽至碧绿色捞起滤油。
2. 装锅。将菜心头朝外叠在砂锅里。将鸡脯切柳叶片上浆、划油，冬笋、火腿、冬菇均批切成5厘米×2厘米的长片，与鸡片一道相夹旋排在砂锅中心的菜核上，露出菜头。
3. 加热制熟。将精盐、鸡粉、料酒调和鸡汤定味，将汤注入砂锅与菜核平，旺火加热至沸，换小火炖约15分钟，淋入熟鸡油即可上席。

成品要求

　　菜心酥烂甘鲜，色彩绚丽和谐，汤汁醇美。

制作关键

1. 要选用菜心粗短、纤维细嫩的青菜品种。
2. 炖制时要注意火候和时间。
3. 注意菜肴的形态美观、完整。

举一反三

　　这是一道荤、蔬搭配的菜肴，可以将青菜心换成白菜、莴笋等蔬菜制成炖白菜、炖莴笋等。

思考题

1. 炖菜核必须选用什么青菜作为原料？为什么？
2. 炖菜核制作时菜心过油有什么作用？

4-3 清炖鸡

烹调方法 炖

原 料

净草鸡1只、精盐10克、味精5克、料酒5克、葱片3克、姜片3克。

制作方法

1. 将鸡在沸水锅内焯去血污后洗净。放入陶制器皿中放入调味品。再加水500克左右，用桑皮纸封口。
2. 将容器放入水锅中。盖紧锅盖炖约3小时。取出容器加入味精即成。

成品要求

汤色清澈，味清鲜香。

制作关键

1. 焯水后的鸡要再洗净，否则味不正。
2. 不隔水炖制时应留出水沸的高度，否则水易溢出容器。

举一反三

可以将鸡换成鸭、鸽子、黄鳝等制作成菜。如：清炖鸭、清炖鸽子、清炖黄鳝等。

思考题

1. 炖的烹调方法有哪几种？
2. 清炖鸡如何选择原料和炖法？

4-4 清炖甲鱼

烹调方法 炖

原　料

活甲鱼1只（1500克）、熟火腿片25克、笋片25克、冬菇25克、葱2根、生姜2片、料酒15克、精盐10克、醋1克、蒜片10克、熟猪油25克。

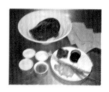

制作方法

1. 将甲鱼腹部朝上，使其头伸出，用左手抓住甲鱼头颈拉紧，右手持刀切断颈骨，放净血，放入80℃的热水锅中，烫至甲鱼外层发白起皱纹时捞出，至冷水中，随即用小刀刮净甲鱼身上的皮膜，冲洗干净，然后剥壳掏去内脏，切去4个爪尖，将甲鱼剁成方块。锅内放清水，上旺火烧开后，倒入甲鱼块烫一次捞出，清水漂洗净待用。

2. 炒锅上火，放猪油烧热，投入拍松的葱结、姜块、蒜籽，炸至出香味，加料酒、笋片、火腿片、冬菇片，清水烧开，撇净浮沫，下甲鱼块，放旺火烧沸。倒入砂锅中，加盖移至小火焖2小时至酥烂，拣去葱姜，加精盐调味，即可上席。

成品要求

汤汁清醇，鳖肉酥烂，裙边透明如胶，食之黏口。

制作关键

1. 初步加工时，要去净甲鱼的皮膜，保证甲鱼的新鲜程度。
2. 养殖的甲鱼炖制易烂，需缩短炖制时间，防止烂碎。

举一反三

可以将甲鱼换成山龟、鸽子、牛蹄等制作成菜。如：清炖山龟、清炖鸽子、清炖牛蹄等。

思考题

1. 如何对甲鱼进行初步加工？
2. 炖甲鱼时，用哪些方法去除甲鱼的腥味？

基础菜肴制作

4-5 砂锅鱼头

烹调方法 炖

原　料

鳙鱼头1只（1000克左右）、豆腐250克、麻油5克、菜油25克、香菜25克、葱和姜10克、精盐2.5克、料酒15克、味精和胡椒粉少许。

制作方法

1. 大鳙鱼宰杀后洗净，取鱼头。
2. 取锅放菜油烧至八成热时，将鱼头放下锅煎，两面均煎成金黄色时，放入料酒高汤煮沸。
3. 将鱼头和汤放入砂锅中，加精盐、葱、姜，用大火烤沸后转为小火煮。
4. 将豆腐切成长方块，用水煮沸后捞入砂锅中，烧至鱼头熟透即成。食前加入胡椒粉、香菜、麻油、味精。

成品要求

肉质细嫩，汤色乳白，咸鲜适口。

制作关键

1. 一定要选择鲜活的鱼。
2. 炖制时火力不能太小，否则鱼汤不浓。

举一反三

可以将鱼头换成鲫鱼、肚肺、牛蹄等原料制作成菜。如：砂锅鲫鱼、砂锅肚肺、砂锅牛蹄等。

思考题

1. 砂锅鱼头最好选用什么鱼头？
2. 如何炖制才能使鱼汤浓白？

4

炖、焖、煨、扒类

炖

焖

焖 是将初步熟处理的原料加汤水及调味品后密盖，用中小火较长时间烧煮，至酥烂而成菜的烹调方法。多用于具有一定韧性的鸡、鸭、牛、猪、羊肉，以及质地较为紧密的鱼类，也有用海鲜及植物性原料的。在焖制时需要密盖，以保持锅（或陶瓷炊具）内水分和恒温，促使原料酥烂。焖菜一般不勾芡，让汤汁自行黏稠，特殊的焖有的也可在出锅时勾芡。

焖法的种类较多，因焖制的原料不同，可分为生焖和熟焖；因焖制时传热介质不同，可分为油焖和水焖；因成菜色泽的不同，可分为红焖和黄焖。

4-6 黄焖鳗段

原 料

鳗鱼1000克、冬笋50克、水发木耳20克、青豌豆10克、猪板油15克、酱油100克、料酒75克、绵白糖100克、葱和姜各30克、蒜50克、精盐5克、麻油10克、熟猪油75克、红曲水50克、鲜汤700克、水淀粉10克。

制作方法

1. 将鳗鱼从腹部两端横切两刀至骨，除去内脏，斩去头尾，切成6厘米的段，入沸水锅内焯水后洗净。

2. 葱姜蒜去皮洗净，猪板油切丁，冬笋切成3.5厘米长片，葱打结，姜切片拍松。

3. 锅内放竹垫，将鳗鱼段竖立锅中。另用炒锅置旺火上烧热，加入熟猪油，放入葱、姜、蒜，炸香，加入鲜汤，倒入鳗段锅中，依次放入料酒、酱油、精盐、猪板油丁、绵白糖，用中小火烧沸，撇去浮沫，加盖，移小火焖约2小时左右，至鳗段酥烂，拣去葱、姜，放入笋片、木耳、青豌豆，用旺火收汁，水淀粉勾芡，再淋入麻油，起锅装盘。

成品要求

酥烂细腻，汁浓如胶，色泽棕黄，鲜美香醇。

制作关键

1. 焖时要盖好锅盖，中途不加汤。
2. 焖制时要加竹垫，以免粘锅。

举一反三

可以将鳗鱼换成猪蹄、牛蹄等原料制作成菜。如：黄焖猪蹄、黄焖牛蹄等。

思考题

1. 什么是黄焖？
2. 如何加工才能使黄焖鳗鱼形态完整？

4-7 油焖笋

烹调方法 油焖

原 料

笋1250克、酱油60克、白糖25克、味精2克、姜汁5克、麻油10克、料酒5克、花生油750克(约耗75克)。

制作方法

1. 笋切去老根，剥去外壳，削去笋衣，洗净，一剖两片，放在案板上拍松，切成5厘米长的条。
2. 旺火热锅，加花生油，烧至五成热时，入笋条炸至呈浅黄色即捞出。
3. 原锅留油少许，烹入料酒、酱油、姜汁，加开水200克，再加糖烧沸，去沫后下笋条，盖锅用小火焖5分钟，转旺火收稠，加味精淋麻油即颠翻出锅。

成品要求

笋亮色红，脆嫩味鲜，甜咸有度，爽口开胃。

制作关键

1. 应选用嫩春笋。
2. 将笋拍松，并切成条，可使其易入味。

举一反三

可以将笋换成茭白、茄子制作成油焖茭白、油焖茄子等菜肴。

思考题

1. 油焖笋应该选用什么竹笋？
2. 油焖笋的刀工处理对成菜有什么质量影响？

基础菜肴制作

4-8 黄焖栗子鸡

烹调方法 黄焖

原　料

净鸡肉300克、生栗子200克、酱油30克、料酒20克、精盐5克、花椒2克、八角5克、味精2克、葱50克、姜15克、水淀粉30克、花生油500克(约耗100克)、鸡油15克。

制作方法

1. 将鸡肉斩成3厘米见方的块，放入碗内加酱油，料酒拌匀。生栗子入沸水锅内至五成熟时捞出剥去其两层皮。

2. 锅内倒入花生油烧至七成热时将鸡肉逐块下入油锅内炸成红色，捞出控净油。

3. 炒锅内留底油烧热下入葱姜、花椒、八角煸出香味，烹入料酒，加清汤、精盐、鸡肉、栗子用中小火焖至鸡肉酥烂，栗子酥香时用水淀粉勾芡，加鸡油即成。

成品要求

　　鸡肉酥烂，栗子酥香，色泽深黄，营养丰富。

制作关键

1. 此菜火候最为关键，两种原料都要恰到好处。

2. 焖时要用中火，否则汤汁浑浊不清。

举一反三

　　可以将鸡换成鸽子、鸭等原料制作成菜。

思考题

1. 黄焖栗子鸡如何才能保证原料的成熟度适中？

2. 黄焖栗子鸡对芡汁有什么质量要求？

4-9 花雕酒焖肉

烹调方法 红焖

原　料

猪方肋肉750克、花雕酒150克、精盐6克、绵白糖25克、饴糖10克、葱5克、姜5克、酱油10克、鲜汤1000克。

制作方法

1. 猪方肋去净表皮毛渣后洗净，入冷水锅上火煮熟，捞出沥干水分，趁热抹上饴糖（用水稀释），晾干后入六成热油锅，炸至上色捞出。
2. 葱姜去皮洗净。
3. 将炸过的方肋在肉面上剞上大十字刀，深至皮下。
4. 姜拍松，葱打结。
5. 锅置火上，倒入鲜汤，放入剞过刀的方肋肉，加入花雕酒、绵白糖、精盐、酱油、生姜、葱结，烧沸后加盖，移至小火焖约2小时，至猪肉酥烂。焖制时要不断晃锅。
6. 拣去葱、姜，将焖好的肋条用旺火收汁，除锅装盘。

成品要求

酒香四溢，肥而不腻。

制作关键

1. 焖制时要不断晃锅，以免肉粘锅。
2. 收汁不要太干。

举一反三

牛肉、羊肉等原料也可以此法制作菜肴，还可以改变其中酒的种类制作出香味不同的菜肴。

思考题

1. 焖制时为什么要不断晃锅？
2. 用其他酒类是否可以做此类菜肴？

煨

煨是将富含脂肪、蛋白质的老韧性原料经过炸制、煎制、煸炒、烧制或焯水以后直接放置于陶瓷或砂锅等传热缓慢而且均匀的盛器中，加入适量水或汤，用中小火力进行加热，直至汤汁浓稠、肉质酥烂的制熟成菜方法。

菜肴在煨制过程中为了达到汤汁浓稠、口味浓厚的效果，应该注意一些问题：必须使用部分中等火力，使锅中沸腾；菜品中必须保证脂肪含量；应该一次性加足汤或加足水，不宜中途加；加热中途不宜停火或断续加热，应一气呵成。

4-10 白煨脐门

原 料

熟鳝鱼肚肉400克、酱油30克、料酒10克、豆粉25克、蒜泥葱片适量、胡椒粉和花椒少许。

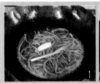

制作方法

1. 先将鳝鱼肚肉入汤锅中烫一下，捞出，用洁布吸去水分。
2. 炒锅上火，加少许油，投入蒜泥、葱片煸香后，倒入鳝鱼肚肉，略煸，加入高汤，烧沸后，倒入砂锅中，加料酒10克、酱油30克，移至小火煨透，再用豆粉勾芡，装入碗中，撒上胡椒粉。
3. 另取一只炒锅，放入猪油150克、花椒少许，待油沸，捞出花椒，将油浇入碗中，即成。

成品要求

汤色浓白，碗内见沸，其味鲜香，质地酥嫩。

制作关键

鳝鱼肚肉入砂锅后，要用小火慢慢煨透至酥。

举一反三

此菜系用鳝鱼肚皮肉为原料经小火长时间煨制而成的菜肴，风味独特，运用此法可以将原料换成老母鸡、鸭子、蹄膀、排骨等原料制作成菜。

思考题

1. 白煨脐门应怎样选择原料？
2. 如何才能使白煨脐门汤色浓白？

基础菜肴制作

4-11 红煨甲鱼

烹调方法 煨

原　料

甲鱼1只(750克)、肥瘦猪肉100克、干枸杞10克、淮山药10克、干红枣10克、酱油30克、精盐4克、绵白糖5克、料酒20克、葱白10克、生姜5克、花椒3克、味精2克、鲜汤1500克、色拉油80克。

 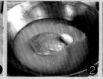

制作方法

1. 将甲鱼宰杀放净血，入85℃左右热水中烫制2分钟，立即用刀刮去黑衣，洗净后再入水锅中，浸至可出壳时捞出，将壳掀开，取出内脏洗净。干枸杞、淮山药、红枣、猪肉洗净。葱、姜去皮洗净。

2. 用刀将甲鱼斩成约3厘米见方的块，入水锅中上火煮沸，捞出洗净。猪肉片成大片。葱、姜拍松。花椒用纱布包好。

3. 炒锅上火，加入色拉油烧热，先入葱、姜、肉片，略煸后入甲鱼块煸透，加入酱油、料酒、精盐、绵白糖、鲜汤、淮山药、枸杞、红枣，烧沸后撇去浮沫，再倒入砂锅中，放上花椒包加盖。

4. 将砂锅置旺火上，烧沸后撇去浮沫，加盖。用小火慢慢煨至甲鱼酥烂时，掀开锅盖，去掉花椒包，拣去葱、姜，加入味精，即可离火上桌。

成品要求

汁浓味厚，甲鱼肉酥，裙边软糯，咸甜适口。

制作关键

1. 甲鱼宰杀后要刮净黑衣，焯净血沫，清洗干净。

2. 酱油用量不可过多，否则会过红，且影响味感。

3. 煨制时火力不能太大，只能用小火慢慢煨。

举一反三

将甲鱼换成龟、鳖裙，可以制作成相似的菜肴。还可以在其中加入麦冬、人参等配料来改变菜肴的药用价值。

思考题

1. 红煨甲鱼有什么滋补功能？
2. 甲鱼出黑衣时用沸水烫有什么不好吗？

④ 炖、焖、煨、扒类

煨

4-12 红煨牛腩

原　料

牛腩1000克、冬笋50克、水发香菇50克、酱油25克、精盐4克、料酒20克、葱白10克、姜10克、胡椒粉1克、花椒2克、芫茴2克、麻油10克、蒜10克、味精2克、绵白糖5克、色拉油70克、牛肉汤750克、蒜苗5克。

制作方法

1. 将牛腩切成大块，入清水中洗净后，再入沸水锅中煮至断生捞出。葱、姜、蒜苗去皮洗净。

2. 牛腩切成3厘米见方的块，葱白切段，蒜苗切粒，冬笋、姜及蒜瓣切片。

3. 炒锅上旺火，烧热后加入色拉油50克，入葱、姜、蒜片、花椒、芫茴煸炒几下，随入牛腩块继续煸炒，烹入料酒、酱油，加入牛肉汤、精盐、绵白糖，烧沸后撇去浮沫。

4. 取大砂锅一只，将烧沸的牛腩倒入砂锅中，上火放入冬笋、香菇，烧沸后加盖，移至小火煨至牛腩酥烂。拣去葱姜，加入蒜苗花、胡椒粉、味精调匀，再烧沸后淋麻油即可上桌。

成品要求

油润光亮，软烂柔糯，鲜香浓郁，极为可口。

制作关键

1. 一定要选用牛肚裆后部有筋的部位，俗称牛腩。

2. 酱油用量不可过多，否则色深。

3. 牛腩改块要大小均匀。

4. 煨制的时间要掌握好，以达质感标准。

举一反三

用牛筋、牛蹄、羊腩为原料可以制成类似的菜肴。

思考题

1. 什么是牛腩？本菜为什么要选用牛腩作为原料？

2. 红煨对菜肴的汤质有什么要求？

扒

扒 是将经过初步熟处理的原料整齐地放入锅中，加入汤水及调味品，小火烧制、收汁，保持原形成菜装盘的一种烹调方法。扒一般用于筵席大菜的制作，要么是整形、整只的原料，要么是小型原料摆放成整齐的形状，为了在烹调过程中保持形状不变，经常要使用大翻锅技术。

　　根据成品色泽不同，扒分为用无色调味品的白扒和用有色调味品的红扒。

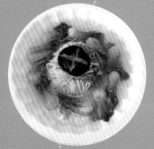

4-13 上汤扣三丝

烹调方法 扒

原　料

光鸡1只（1000克）、猪里脊300克、熟笋尖75克、生瘦火腿200克、水发香菇1个、鸡蛋1个、绿叶菜5克、料酒15克、精盐5克、葱段5克、姜片10克、熟鸡油10克、熟猪油25克。

制作方法

1. 将光鸡分档，取鸡腿肉剁碎加蛋清及盐2克、水100克、姜5克、葱5克、料酒5克和匀做吊汤料用。将火腿泡去部分咸味，洗刮干净与鸡脯、猪里脊、鸡骨架一同焯水，然后加水小火炖熟。

2. 原汤倒入炒锅，倒入吊汤料，上火烧到微开，鸡茸浮起再焐20分钟，用细纱布过滤出汤汁，成为上汤。

3. 取高碗一只，直径约8厘米，高度约10厘米，遍抹猪油，将香菇放碗底正中，分别将笋尖、鸡脯、火腿切成9厘米长的细丝，分成3等份或6等份排在碗中，切里脊丝垫入中间，注入上汤，再蒸40分钟取出。

4. 将碗中汤滤入锅中，再加适量上汤，上火烧开，撇去浮沫，调味。将三丝放入大汤碗中，注入调味后的上汤即成。

成品要求

汤清味鲜，咸淡适中，三丝精细整齐，红白相间，形如小山。

制作关键

1. 三丝要切得整齐均匀，蒸制适度。
2. 注意吊汤的过程和调味。

举一反三

扣三丝还可以选用干丝、胡萝卜、莴苣、蘑菇等蔬菜原料制成。

思考题

1. 上汤扣三丝有何特色？
2. 扣在汤碗中的三丝会分散是什么原因？

基础菜肴制作

4-14 扒肥肠白菜

烹调方法 扒

原料

熟猪大肠300克、大白菜心300克、葱姜蒜各10克、精盐15克、味精5克、料酒10克、鸡油15克、高汤300克、花生油75克、湿淀粉75克。

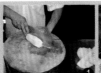

制作方法

1. 将大肠用开水焯透，切成0.7厘米厚的斜刀片。白菜心一切两半，用开水煮至七八成熟，取出挤去水分，改刀成1厘米宽、7厘米长的条，正面朝下摆入盘中间呈一长方形；切好的大肠整齐地摆在白菜两边，共三排呈方形。葱切段，姜和蒜均切片。

2. 锅内加花生油烧热，放葱姜蒜炒出香味时加高汤烧沸，用漏勺捞去葱、姜、蒜，撇去沫，随加入精盐、料酒、味精，再将盘内的肥肠、白菜原样推入锅内，用慢火加热并不断转动炒锅，待汤约剩100克时，慢慢转动锅，用湿淀粉勾芡(将粉汁淋在原料的缝隙处)，大翻锅，淋上鸡油托盛入平盘内即成。

成品要求

肥肠软烂，白菜软烂适度，排列整齐，口味咸鲜适中。

制作关键

1. 扒时要用慢火，使味进入原料内部，使原料熟烂。

2. 大翻锅时原料好面朝上。

3. 勾芡时随晃锅随淋粉汁，使芡汁全部入原料缝隙即好。

举一反三

将肥肠换成猪手、蟹黄，可以制成白菜扒猪手、扒蟹黄白菜。

思考题

1. 什么是扒制的烹调方法？

2. 扒肥肠白菜如何控制火候及成菜质感？

4-15 冰糖烧扒蹄

烹调方法 扒

原　料

猪前蹄1只(1500克左右)、豌豆苗150克、冰糖100克、姜10克、葱段2根、料酒50克、精盐10克、酱油100克、熟猪油150克。

制作方法

1. 将蹄膀镊毛洗净，入沸水锅烧十分钟左右取出，放入清水中刮洗干净。
2. 砂锅内放竹垫，将蹄膀皮朝下放入，加葱段、姜片、料酒，放清水淹没蹄膀，上大火烧开，撇去浮沫，上盖压盘，盖好锅盖，移小火焖至半熟时加入酱油、冰糖，再焖至蹄膀酥烂时，砂锅转旺火收稠汤汁，拣去姜葱，将蹄膀取出，皮朝上装入汤盘，去掉竹垫。炒锅上火烧热，放入熟猪油，煸炒豌豆苗，加入精盐，煸透后将豌豆苗取出放入汤盘，围在蹄膀四周，浇上汤汁即成。

成品要求

色泽酱红油亮，酥烂肥润，汤汁稠浓，甜中带咸。

制作关键

1. 锅内要放竹垫，避免肉皮粘底。
2. 冰糖不应放得太早，否则会延长烹调时间和影响菜肴的质量。

举一反三

扒蹄膀的配料可以换成菜心、西兰花，也可以用海参、鸽蛋等荤料。

思考题

1. 冰糖扒蹄应如何选择猪蹄？
2. 冰糖扒蹄如何控制火候和菜肴口感？

蒸

蒸是以蒸汽为传热介质，对原料进行加热成菜的烹调方法。蒸因调味方式、汤汁、配料的不同分为多种，常见的有干蒸、清蒸、粉蒸等。

干蒸是将原料放入蒸笼中，不加汤汁直接蒸制的方法。

清蒸是原料不经油炸、煎，只加入调味清汁蒸制成菜的烹调方法。

粉蒸是将主料加工成小型的形状，与炒香的米粉、调味料、汤汁拌匀入笼蒸制成菜的烹调方法。

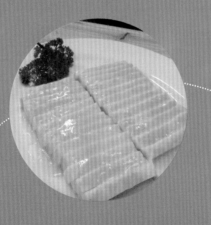

5-1 清蒸鳜鱼

烹调方法 蒸

原　料

鳜鱼1条（1000克）、葱姜20克、红椒丝20克、精盐3克、味精1克、料酒25克、豉油30克、色拉油100克。

制作方法

1. 鳜鱼去鳞、鳃，在脐门处横划小口割断鱼肠，用竹筷从鳃口插入鱼腹绞出内脏，洗去血污（留鱼花）。将鳜鱼入沸水锅中略烫取出，刮去黑膜，洗去水分。

2. 将鳜鱼顺背部剖开至脊骨，放入鱼盘，加盐、味精、葱姜腌制片刻。沸水上笼蒸约8分钟取出，拣去葱姜，撒上红椒丝、葱姜丝，淋豉油，浇沸油即成。

成品要求

　　鱼肉鲜嫩，汤汁清爽，咸鲜适口，原汁原味。

制作关键

1. 鳜鱼要放入沸水锅烫，并刮去黑膜。
2. 鳜鱼上笼蒸的时间要恰当。

举一反三

　　小型的肉质鲜美的鱼都可以清蒸，较大的鱼也可以切成段，剖上花刀蒸制，可以只用盐和味精作简单调味。

思考题

1. 哪些工艺可以减小清蒸鳜鱼的腥味？
2. 清蒸鳜鱼的火候有什么要求？

5-2 腊味合蒸

烹调方法 蒸

原 料

腊猪肉200克、腊鸡肉200克、腊鱼200克、白糖15克、味精1克、熟猪油25克、肉清汤25克。

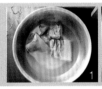

制作方法

1. 用温水将腊肉、腊鸡、腊鱼洗净，盛入瓦钵中上笼蒸熟取出。
2. 将腊肉去皮，腊鸡去骨，腊鱼去鳞。将腊肉切成4厘米长、0.7厘米厚的片；将腊鸡、腊鱼切成大小略同的条。
3. 将腊肉、腊鸡、腊鱼分别皮朝下整齐排放在碗中，加熟猪油、白糖和调有味精的肉汤上笼蒸烂，取出翻扣在盘中即成。

成品要求

色泽深红，片、条一致，拼摆整齐；味咸鲜甜，腊香、烟味浓郁，质软烂不腻。

制作关键

1. 腊肉、腊鸡、腊鱼中含盐量较高，用温水清洗以及入锅初蒸均可减轻含盐量。烹调中不宜再添加含盐调味料。
2. 腊制品经晾干后失水较多，质地较硬、韧，蒸制应充分，以蒸至软烂为佳。

举一反三

本菜中的每一种腊制原料都可以单独成菜，还可以配上百叶、鞭笋等配料蒸制成菜。

思考题

1. 什么是腊制原料，有什么特点？
2. 如何保证腊味合蒸中多种原料成熟度的一致？

5-3 米粉蒸肉

原　　料

带皮硬五花肉400克、大米50克、葱姜末10克、红乳汁15克、味精2克、料酒10克、白糖10克、甜面酱15克、高汤50克、香油5克、花椒2克、八角1粒。

制作方法

1. 将五花肉用铁筷子叉起，在旺火上燎糊表皮，放热水中浸透取出刮净糊皮，洗净，切成10厘米长、0.5厘米厚的大片。锅内放大米、花椒、八角（捣碎）微火炒至大米淡黄色、碾成粗粉。

2. 将肉片放入盘内加上料酒、甜面酱、味精、香油、葱、姜、米粉、白糖、高汤、酱油抓匀，腌渍5分钟，再将每片肉粘上一层米粉，肉皮朝下整齐地摆入碗内，盘内碎料加清汤拌匀，放在肉上面，上笼蒸烂取出，翻扣入平盘内(呈马鞍形)即成。

成品要求

色泽红润，肉质酥烂适中，米粉味香质糯，咸鲜适口。

制作关键

1. 肉片必须切的大小厚薄均匀，调味要匀，不宜过重。

2. 米粉制法得当，慢火炒成淡黄色为宜。

3. 蒸粉蒸肉宜先大火后用中火。

举一反三

改变主料可以制作粉蒸牛肉、粉蒸鸡、粉蒸排骨等类似的菜肴。

思考题

1. 如何加工米粉蒸肉的米粉？

2. 米粉蒸肉菜肴组配有何特色？

基础菜肴制作

5-4 五柳鳜鱼

烹调方法 蒸

原　料

鳜鱼一条（约750克）、火腿丝25克、熟冬笋丝25克、水发冬菇丝15克、葱丝15克、姜丝10克、葱5克、姜5克、料酒3克、白糖6克、醋3克、番茄酱10克、精盐5克、味精5克、水淀粉7克、胡椒粉5克、猪油少许。

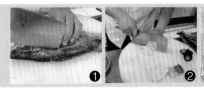

制作方法

1. 把鳜鱼清洗干净，放入沸水中汆一下，捞起洗净，装到盘里，放入葱、姜、料酒、精盐、味精、猪油，上笼，蒸约15分钟，蒸熟取出，拣去葱、姜。

2. 炒锅放到中火上，放入少许猪油，待油温达到五成热时，放入葱丝、姜丝、番茄酱，翻炒几下，放入熟火腿丝、冬瓜丝、冬笋丝、清汤、料酒、白糖、醋、精盐、味精、胡椒粉；把蒸鱼汤汁滗到锅里，勾流水芡，浇到鱼身上即可。

成品要求

　　鱼形完整，五丝粗细均匀，色泽红润，鲜嫩味美。

制作关键

1. 鱼初加工时要烫洗干净。
2. 蒸制要适度，调味品的比例要掌握好。

举一反三

　　凡可以用来清蒸的鱼类，都可以加上配料蒸制成五柳鱼。

思考题

1. 五柳的含义是什么？
2. 用五柳作配料还可以制作哪些菜？

5-5 蒸鱼糕

烹调方法 蒸

原　料

草鱼1000克、猪肥膘50克、蛋清30克、生菜50克、料酒10克、精盐2克、味精0.5克、香油20克、糖10克、醋5克、淀粉15克。

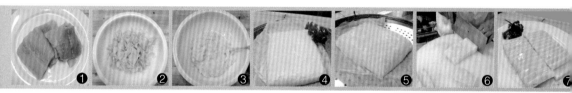

❶　❷　❸　❹　❺　❻　❼

制作方法

1. 将鱼宰杀清洗后取肉，鱼肉拍松后用清水漂洗干净，斩成细茸，肥膘切小粒。
2. 鱼茸加料酒、精盐、味精拌匀上劲，再加入蛋清、水淀粉、肥膘粒拌匀，倒入盘内刮平呈2厘米厚的方形，上笼中小火蒸约20分钟即成鱼糕。
3. 将鱼糕趁热切成0.5厘米厚、6厘米长的片，整齐地摆入盘中，浇上咸鲜味汁即好。

制作关键

蒸时注意火候。

举一反三

可以制作双色、三色鱼糕，还可以用鸡脯肉以相同方法制成鸡糕。

思考题

1. 蒸制鱼糕时淀粉的加入量对鱼糕质量有什么影响？
2. 蒸制鱼糕时为什么要用中小火？

成品要求

造型整齐美观，鱼糕细嫩、有弹性，口味咸鲜适中。

基础菜肴制作

5-6 珍珠肉圆

原　料

猪前夹肉250克、马蹄50克、糯米
150克，精盐、味精、胡椒、料酒、
淀粉、麻油、姜、葱适量。

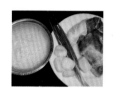

制作方法

1. 糯米用水泡至透心，猪前夹肉洗净、
   切碎，剁成茸，加上调味品及水搅拌
   上劲成肉馅。

2. 将肉馅挤成直径3厘米的丸子后表面粘
   上糯米，装入刷上清油的笼屉上。

3. 用旺火足汽蒸8～9分钟取出，装盘，
   撒上葱花，淋麻油即成。

成品要求

　　形如球状，大小整齐，口味咸鲜
软糯。

制作关键

1. 调制肉馅时水分、淀粉的比例适当。
2. 蒸时火力要旺，蒸制时间要适当。

举一反三

　　也可以将西米发制后滚在四周，还可
以在肉馅里加入适量豆腐、荸荠等配料。

思考题

1. 选用猪前夹肉作为原料有什么好处？
2. 肉馅中加水量的多少对菜肴有哪些影响？

烤

烤 是将经过腌渍的生料或半熟制品放入烤炉内，利用辐射热能将原料烤制成熟的一种烹调方法。按烤制设备及烤制手法的不同，可分为明炉烤、暗炉烤两种。

明炉烤是将原料架于敞口的火炉或火盆上，利用燃料燃烧时放出的热量将原料烤制成熟的一种方法。成品外脆内嫩，色泽红亮。明炉烤设备一般比较简单，火力直观易掌握，但火力分散、温度场不均匀，烤制的时间一般较长且原料要不停地翻动，不能适应大批量生产需要。

暗炉烤是将原料置于封闭的烤炉中，利用红外线或特殊的电磁波使原料至熟的一种烤制方法，成品色泽火红、外脆内嫩。

5-7 叉烤鸭

烹调方法 烤

原　料

肥光鸭1只(2750克左右)、干荷叶5张、绵白糖25克、姜块50克、饴糖25克、葱200克、甜面酱100克、葱白200克、麻油25克。

制作方法

1. 将光鸭从腋下开口，取出内脏洗净；荷叶也洗净，与葱、姜一并由刀口揣进鸭体内，鸭肛门也放部分荷叶、葱姜，力求鸭体丰满。

2. 将钢叉从鸭屁股与两腿旁边戳进穿过腹腔，在鸭颈离鸭头15厘米处露出叉尖。将鸭头弯过来，从颚下戳进，横戳在刀尖上。

3. 将叉鸭倒悬于沸水锅上，舀沸水从上到下浇遍全身，使鸭皮收缩绷紧，用洁布拭去水分，趁热均匀抹上饴糖，挂通风处吹干。

4. 甜面酱与绵白糖放入碗中，上笼蒸5分钟取下，加麻油调和。葱白切成5厘米的兰花葱。

5. 锅膛烧柴草，燃烧后，用刀叉拍成星星小火，将叉鸭稍斜放入炉膛，先烤鸭身的两侧，后烤鸭脊背和鸭脯，烘烤约一小时，用小火焐透，两肋不能出油。至上色、皮脆时取出，先用刀批下鸭脯装盘，带甜面酱、兰花葱碟上桌，用蝴蝶卷夹食。继续批全部鸭皮；再取下脯肉，批片装盘上桌。然后将鸭头、尾割下，一剖两片装盘上桌，表示已完。

成品要求

色泽酱红、均匀，外皮酥脆，鸭肉鲜嫩。

制作关键

1. 饴糖必须涂抹均匀，且吹干，否则烤后易出现花斑或卷曲。

2. 开始烘烤要用小火，勿使上色，否则成熟时颜色就过深。

举一反三

更换主料可制成叉烤山鸡片、叉烤豆腐、烤白鱼。

思考题

1. 叉烤鸭对选料有什么要求？
2. 烤鸭上饴糖有哪些作用？

5-8 叉烤方

烹调方法 烤

原料

带骨猪肋条肉1块（3000克）、甜面酱100克、花椒盐60克、葱白段100克、青菜心60克、熟火腿片50克、水发冬笋60克、萝卜丝100克、笋丝50克、火腿茸20克、青萝卜100克、精面粉100克。

制作方法

1. 肋条肉镊去毛，用刀刮洗皮面污物。烤叉擦洗干净，竹筷两根两头削尖。
2. 葱段剖成花鼓形，放清水碗中浸泡待用。甜酱放小碟内，加白糖调匀，上笼蒸熟取出，加芝麻油和匀待用。青萝卜洗净切条放在小碟内。
3. 将肋条肉放在砧板上，斩去两头，留30厘米长、20厘米宽的带肋骨长方块；用削尖竹筷在瘦肉面戳若干个蜂窝洞眼；将烤叉沿骨缝将方肉叉上，并用削尖的两根竹筷横叉在烤叉上，使方肉平整固定在烤叉上面。
4. 烤炉事先用燃料烧热，待烟散尽、脚火灼热逼人时再进行烤制。烤制时分四步：第一次烤制约20分钟，至肉皮发黑取出，用湿布浸湿一下，用刀刮去皮面焦屑；第二次用同样方法烤至表面发黑取出，刮净黑屑，用花椒盐擦透肉面和四周；第三次再烤至肉皮焦黑，将肉面朝下，烤至肉收缩，肋骨露出时取出，刮净；最后再用微火烤约15分钟，使肥肉的脂肪渗入皮

内，发出"吱吱"响声时取出。用刀刮去焦屑，抹上芝麻油，放在砧板上，批下肉皮，将肉切成薄片，分装入盘中。上桌时带葱、甜酱、花椒盐调味，用空心饽饽夹食。

成品要求

皮酥、脆、香，肉细、鲜、嫩，风味独特。

制作关键

1. 用烤叉叉制时要牢固，以防脱落。
2. 烤时必须严格掌握火力，并注意翻动烤叉，使其受热均匀，成熟适度。

举一反三

变换原料可制作叉烤鳝鱼方、叉烤桂鱼。

思考题

1. 制作叉烤方这道菜为什么要刮皮？
2. 影响烤方质量的重要因素有哪些？

5-9 生烤鲤鱼

烹调方法 烤

原　料

鲤鱼1000g、孜然粉25g、辣椒粉15g、葱250g、姜50g、味精2g、精盐5g、花椒粉5g。

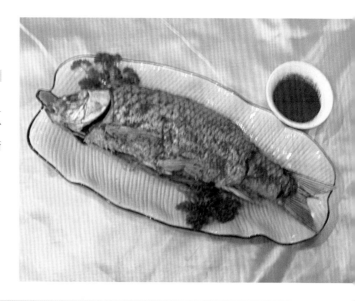

制作方法

1. 将新鲜鲤鱼剖腹、去内脏、去鳃、洗净，用刀尖沿脊骨两侧下刀剔去脊椎骨，用刀跟轻轻排剁几下，葱切段、姜切片、拍松以后加少量花椒、孜然、辣椒、精盐、料酒揉搓均匀。

2. 将揉搓后的调味品在鲤鱼表面和肉面擦匀，腌渍30分钟。

3. 将鲤鱼腹腔内填上余下的葱、姜，放入以葱、姜垫底的烤盘上，放在烤箱内，用表火200℃、底火200℃烤制25分钟，待鲤鱼鳞片香脆时取出，在鱼身上刷上麻油，撒上孜然、花椒粉、辣椒粉入烤炉续烤2分钟后取出装盘。

成品要求

形状完整，鳞脆肉鲜嫩，香气浓郁。

制作关键

1. 烤制时要注意控制好火候。

2. 去脊骨时要注意手法，不要将鱼皮戳破。

举一反三

还可以改变主料，以鳜鱼、鲈鱼、鳝鱼、乳鸽等烤制成菜。

思 考 题

1. 怎样能使鲤鱼的外形和色泽更加美观？

2. 怎样改进菜品的风味？

⑤

蒸、烤、焗类

烤

焗

焗是运用密闭式加热，使原料在自身水分产生的水蒸气的作用下成熟的一种烹调方法。常见的有炉焗和盐焗等。

炉焗是原料经过腌渍调味或初步成熟后，装入焗盘，送入烤炉焗制成菜的一种烹调方法。

盐焗是利用盐为传热介质，先将原料腌渍后包裹紧实，埋入炒热后的食盐中，小火加热焐制成熟的一种烹调方法。

5-10 盐焗鸡

烹调方法 焗

原　料

小母鸡1只(1200克)、粗盐3000克、绵纸3张、姜块10克、短葱段15克、香菜15克、八角末2.5克、花生油100克、猪油120克、生抽10克、精盐14克、味精5克、沙姜粉2克、芝麻油1克。

制作方法

1. 将鸡宰好，斩去趾尖，将鸡脚弯于鸡脯内，鸡头屈于翅底，将精盐4克、味精2克抹匀于鸡腔内，把姜块，葱段亦放进鸡腔内，腌渍15分钟。

2. 把粗盐放在锅内猛火炒至灼热。同时，用生抽涂匀于鸡表皮，铺开双层绵纸，涂上花生油，然后把鸡包裹起来，外面再包一层绵纸，在热盐中拨开一个洞，把鸡埋于热盐中，加上盖，离火或用微火焗25分钟至熟。

3. 取出鸡包，将鸡的皮、肉分别撕成小片，将鸡骨拆散，用精盐（5克）、味精（3克）、芝麻油（1克）、猪油（75克）调成味汁拌匀，再按骨在下、肉在中、皮在上的次序摆放于盘中，成鸡形，把香菜放在一旁。

4. 用小火烧热炒锅，放精盐5克，炒热后放入沙姜粉拌匀取出，分成3小碟，每碟放入猪油15克为佐料，鸡与佐料一同上席。

成品要求

皮色浅金黄，鸡肉盐香浓烈，肉质嫩滑。

制作关键

1. 必须选用活的嫩鸡。

2. 焗制时，根据鸡的大小、盐量的多少控制火候。

举一反三

更换主料可制成盐焗甲鱼，盐焗牛蛙等。

思考题

1. 什么是盐焗？它是哪个菜系的代表烹调方法？

2. 盐焗鸡怎样包裹和造型？

5

蒸、烤、焗类

焗

5-11 炉焗生蚝

烹调方法 焗

原料

鲜海蛎肉350克、熟火腿肉10克、水发香菇25克、净洋葱25克、熟鸡蛋2个、细面包屑50克、精白面粉100克、葡萄酒20克、白胡椒粉1克、精盐5克、味精5克、上汤250克、黄油80克。

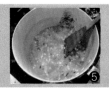

制作方法

1. 将海蛎肉洗净焯水，香菇、火腿、蛋白、洋葱均切成小丁，锅中下90克油上火，先将洋葱末略煸起香，下面粉炒香，加入上汤、精盐、味精、葡萄酒、海蛎肉、香菇丁、火腿丁、蛋白丁等拌匀煮沸盛起，装入10只花形模具中。

2. 将蛋黄压塌成粉，匀撒在模具上，再撒一层面包屑，最上铺一层黄油，入烤箱300℃烤至金黄色装盘，撒上胡椒粉即成。

制作关键

1. 鲜海蛎肉一定要焯水。
2. 烤制时注意时间和温度。

举一反三

更换主料可以制成炉焗文蛤，炉焗蜗牛等菜。

思考题

1. 什么是炉焗？有何优缺点？
2. 海蛎肉为什么要焯水？

成品要求

色泽金黄，上酥松，下软嫩，香气扑鼻。

煎

煎是将原料用少量油传热，慢火烹制，至原料两面金黄色而成熟的烹调方法。煎法的菜肴适用于扁平状或加工成扁平状的原料。由于煎法的温度较高，在加热过程中原料表面的水分易汽化，所以原料可以形成外脆里嫩的口感。煎法最大的问题是控制受热均匀，因为煎制中原料多半是半露半没，所以，可以在煎香原料后，加入多量油使原料内部完全熟透后再沥净油，继续煎制。具体的操作程序是：

煎法在加热前，一定要烧热锅，放入冷油，即行业上称的"热锅冷油"，这样是为了防止原料粘锅。煎法有时也需要拖糊，以保护原料内部水分不外渗。

6-1 南煎丸子

烹调方法 煎

原　料

猪肉茸250克、葱末和姜末各5克、荸荠末50克、花生油50克、花椒油5克、绵白糖10克、酱油30克、味精1克、清汤150克、精盐少许、鸡蛋1个、湿淀粉30克。

制作方法

1. 在猪肉茸里，放入葱末、姜末、酱油（5克）、料酒（10克）、精盐少许搅拌上劲后，再加入鸡蛋、荸荠末、湿淀粉少许，搅拌均匀备用。

2. 炒锅内放入油，用小火烧至三成热时端离火口，用手把肉馅挤成直径约3厘米的丸子(约16个)，逐个下入炒锅内，整齐排列，然后将炒锅放在小火上，边煎边用手勺将丸子压成扁圆形。待丸子底面微黄时，大翻锅将丸子全部翻过来，再煎另一面。待两面都煎至深黄色并且成熟时，捞出沥油，整齐地排列在圆平盘内即可。

成品要求

色泽红亮，外干香、里软嫩，味道咸鲜适口，肉饼大小一致。

制作关键

1. 注意肥肉与瘦肉的比例要恰当，要搅打上劲。
2. 煎制时注意控制油温和时间。

举一反三

这是一道用猪肉茸为原料制作的工艺菜肴，也可以将猪肉茸换成土豆、荸荠、豆腐等蔬菜制成土豆松煎饼、枣馅荸荠盒、三鲜豆腐饼等菜肴。

思考题

1. 什么是南煎，有什么特点？
2. 南煎丸子肉缔调制时应注意什么？
3. 为什么要在肉缔里掺入适量的荸荠末？

6-2 煎虾饼

烹调方法 煎

原料

虾仁200克、熟肥膘丁80克、葱白15克、鸡蛋黄2个、姜片5克、干淀粉20克、精盐1克、白胡椒粉少许、川椒粉少许、花椒盐3克、味精5克、色拉油200克、料酒20克。

制作方法

1. 虾仁用清水、葱白、姜片漂洗干净后，控干水分，用刀排斩成粗粒，加入熟肥膘丁，用精盐、味精、白胡椒粉、川椒粉、料酒腌渍入味，放入由鸡蛋黄、干淀粉制成的糊内拌匀。

2. 炒锅放火上，加入色拉油，烧三四成热，将拌好的虾仁在油锅内摊成圆盘形，用中火煎制，颜色稍黄时，翻身煎另一面。两面金黄色时，倒入漏勺里，沥去余油，盛在盘中略改刀、点缀，配花椒盐上桌即成。

成品要求

成菜色泽金黄，鲜嫩利口，椒盐浓郁，咸淡适中。

制作关键

1. 煎制时要注意火力大小。

2. 炒锅必须擦干净，烧热后用油多滑几遍。

3. 加热时要不断地晃动铁锅使之受热均匀。

举一反三

类似的菜还可制成香煎鱼饼、豆角虾饼等。

思考题

1. 煎虾饼应选用什么虾仁？

2. 虾饼的缔子如何调制？

3. 为什么要在虾缔子里加入适量的熟肥膘？

贴

贴 以铁锅为主要传热介质，是将两种以上原料调味后通过上浆叠粘在一起，再用小火一面贴锅壁至熟的一种烹调方法。成品底面香酥，上面鲜嫩。贴是一种很独特的锅烹方法，也是一种水油合烹的加工方法，是煎菜的一种延伸。在操作时应注意以下几点：第一，几种原料叠粘时表面要具有一定的黏度，互相之间能粘连住，有时还可利用茸料作粘连物；第二，几种原料叠粘时要有主辅顺序，一般以肥膘肉作底、主料居上或居中，上面有时根据菜品需要覆盖上咸雪菜叶用来提鲜；第三，贴由于只煎一面，在加热时往往需要加汤或料酒，盖上盖焖一下，使上面的原料也能成熟；第四，贴的原料可以改成各种形状，如圆形、方形、菱形、梅花形等。

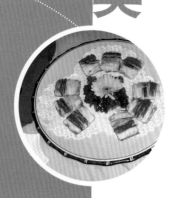

烹调方法 贴

原料

猪腰子150克、熟猪肥膘150克、腌咸菜叶5张、鸡蛋清1个、鸡蛋黄2个、粳米粉50克、料酒15克、葱椒盐10克、酱油15克、葱5克、姜5克、干淀粉10克、色拉油70克。

 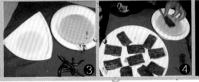

制作方法

1. 将猪腰子洗净，去皮膜，剔去腰臊，批成6厘米长、3.5厘米宽、0.3厘米厚的片10片，放入碗内，加葱、姜、料酒、适量清水、酱油浸泡一下。捞起，用纱布吸去水分；将猪肥膘肉也批成同样大小的片10片；咸菜叶也改成比腰片稍大的片十张待用。

2. 碗内放鸡蛋清1个、葱椒盐10克、与干淀粉搅成蛋清浆。将肥膘片两面均匀地拍上一层粳米粉，铺在砧板上，再抹上一层蛋清浆，贴盖上腰片，腰片上再抹一层蛋清浆，上盖咸菜叶，即成锅贴腰生坯。将鸡蛋黄放入碗内，加入粳米粉搅成蛋粉糊待用。

3. 炒锅上中火烧热，放入色拉油，烧至三四成热时，将锅贴腰子底面粘满蛋粉糊放入锅内，盖上锅盖，并不停地晃动炒锅使原料均匀受热，煎至锅贴腰子底面酥脆，呈金黄色，上面松软成熟，即可起锅沥油，点缀装盘即成。

成品要求

底酥香，表松脆，吃口脆润，咸中带香。

制作关键

1. 原料互相之间要粘牢。
2. 煎时以小火为宜，大火易焦不易熟。
3. 口味要准确。

举一反三

类似的菜肴可制成锅贴鸡片、锅贴虾茸、千层里脊。

思考题

1. 锅贴类菜肴为什么要使用猪肥膘，如何防止肥膘卷曲？
2. 腰子浸泡后为什么用纱布吸去水分？

6-4 锅贴鳝鱼

烹调方法 贴

原　料

熟鳝鱼脊背肉150克、熟猪肥膘300克、麻油20克、虾茸100克、鳝鱼肉茸60克、料酒5克、精盐3克、味精1克、胡椒粉1克、麻油5克、葱和姜各10克、花椒盐10克、番茄沙司50克、生粉50、鸡蛋黄2个、湿淀粉适量、色拉油250克。

制作方法

1. 将熟鳝鱼脊背改刀成两寸半长的条；熟猪肥膘批成边长6厘米的长菱形薄片；虾茸和鳝鱼肉茸合一起后，加入精盐、料酒、味精、葱、姜汁、湿淀粉适量搅拌上劲做成鱼虾茸待用；葱末、花椒盐、鸡蛋黄（1个）、生粉少许搅成葱椒浆；另用鸡蛋黄1个、生粉少许制成蛋黄糊。

2. 肥膘片平铺案板上，拍上一层生粉，抹上一层葱椒浆，将鱼虾茸平铺在膘片上，再排列上腌渍入味的熟鳝鱼脊背肉，即成锅贴鳝鱼生坯。

3. 锅置旺火，加入色拉油150克，三成热时，将锅贴鳝鱼生坯逐个在蛋黄糊内拖一下，排放锅内，上火煎制，盖上锅盖不断晃动，使其受热均匀，中途可开盖淋少许油。待膘黄发脆，鳝鱼肉已熟时，滗去油，摆入点缀好的盘中，

与椒盐味碟、番茄沙司味碟一同上桌。

成品要求

　块形整齐，肥膘香脆，油而不腻，鳝鱼鲜嫩爽口。

制作关键

1. 肥膘煮熟，但不可煮烂。

2. 熟鳝鱼脊背肉腌渍、鱼虾茸的调制、葱椒浆制作都不宜咸。

3. 煎制正确掌握好油温和火候。

举一反三

　类似的可制作成锅贴鲜贝、锅贴豆腐等菜肴。

思考题

1. 锅贴鳝鱼对鳝鱼的选料有什么要求？

2. 锅贴鳝鱼时鳝鱼肉卷缩是什么原因？

6-5 锅贴鱼

烹调方法 贴

原料

净鱼肉150克、熟猪肥膘150克、雪菜叶5张、鸡蛋清1个、鸡蛋1个、粳米粉50克、葱椒盐5克、料酒5克、淀粉3克、熟猪油50克。

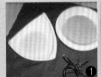

制作方法

1. 将鱼肉批成5厘米长、3厘米宽、0.2～0.3厘米厚的10片薄片，放入碗内，加葱椒盐一钱、料酒腌渍；熟猪肥膘肉也批成与鱼片同样大小的片10片；咸菜叶也切成比鱼片稍大的片待用。

2. 碗内放鸡蛋清一个、葱椒盐二钱、干淀粉搅成蛋清浆。将肥肉片平摊案板上，抹上一层蛋清浆，盖上鱼片，上抹一层蛋清浆，盖上一张咸菜叶，即成锅贴鱼生坯。碗内打入鸡蛋，加入粳米粉，搅成鸡蛋米粉糊。

3. 炒锅上中火烧热，放入熟猪油，将锅贴鱼坯底部沾满米粉糊放入锅内，盖上锅盖，晃动炒锅，煎至底面酥脆，呈金黄色。上面保持绿色软嫩起锅，改刀装盘即成。

成品要求

下酥上嫩，味道鲜美；咸中带香，入口肥润。

制作关键

1. 选用新鲜鳜鱼、青鱼为原料。

2. 此菜属一次性投料的菜肴，要掌握好口味。

3. 要掌握好火候，一般用小火为好，用大火极易焦而不熟，影响色和形的美观。

举一反三

制作锅贴鱼最好选用鳜鱼、鲈鱼等刺较少的鱼类，青鱼、草鱼、鸡肉、野鸡肉都可用锅贴的方法成菜。

思考题

1. 哪些鱼可以作为锅贴鱼的原料？

2. 锅贴鱼中除盖咸菜叶外还可用什么原料覆盖？

6

煎、贴、爆、烹类

贴

119

煼

煼是将原料加调味品腌渍入味，挂糊后入少量油锅内，两面煎至金黄色，然后再加入调味品和少量的汤汁，用慢火收干汤汁成熟的一种烹调方法。

煼法是一种水油合烹的烹调方法，是煎的另一种延伸，要将原料加工成扁平状，才便于成熟；要求将菜肴煎至两面金黄，并且微带汤汁，才能使成品质酥味醇厚。

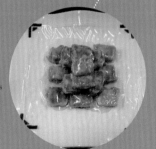

6-6 锅煼豆腐

烹调方法 煼

原料

盐卤豆腐300克、猪肉茸150克、鸡蛋2个、淀粉20克、面粉10克、浓汤150克、湿淀粉少许、色拉油100克、料酒5克，精盐、味精、酱油、葱姜各适量。

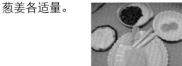

制作方法

1. 将豆腐切成5厘米长、2.5厘米宽、0.7厘米厚的片，再撒上精盐、味精、料酒略腌渍。

2. 猪肉茸用精盐、味精、料酒、葱姜汁及少许湿淀粉搅拌上劲。

3. 将鸡蛋、面粉、水入碗调制成糊。

4. 在两片豆腐中间夹上一层肉茸，逐一做完，整齐地摆放在盘中。

5. 炒锅上火烧热，舀入少许色拉油，烧至四五成热时，将挂上鸡蛋糊的豆腐块入油锅煎至两面金黄色，捞起沥油。锅留底油，投入葱姜炸香，放入豆腐，浓汤烧沸后，放酱油、料酒、精盐、白糖、味精调准口味，用中火烧至入味，淋明油、大翻锅，出锅装盘，点缀上少许香菜叶即成。

成品要求

色泽金黄，整齐美观，鲜嫩软香，微带汤汁。

制作关键

1. 肉茸一定要搅拌上劲。

2. 鸡蛋液里加粉不宜太多，注意掌握糊的稠度。

3. 煎时要注意火候，保持表皮金黄色。

举一反三

类似的可以做成锅煼西红柿、锅煼三鲜鸡盒、锅煼茄子等菜肴。

思考题

1. 锅煼豆腐选用盐卤豆腐有什么好处？

2. 出锅时为什么要淋一点芡汁？

6

煎、贴、煼、烹类

煼

6-7 锅熼银鱼

原　料

银鱼100克、料酒25克、猪肥膘25克、味精1.2克、熟猪油100克、精盐3克、鸡清汤100克、葱姜各5克、鸡脯肉50克、水淀粉10克、鸡蛋5个。

制作方法

1. 将银鱼从脊背开刀，取出脊骨刺，并去除头尾，冲洗干净后放入碗内，加料酒15克、精盐1.5克、味精1克略腌一下。

2. 将生鸡脯肉、猪肥膘用刀分别剁成细泥，放入碗内加入调味品、鸡蛋清2个搅拌均匀，再逐一加入3个鸡蛋和一半鸡清汤、水淀粉调匀成糊状。葱、姜均切成细末。

3. 炒锅上旺火烧热，倒入熟猪油75克，下葱姜烹锅，再将银鱼逐条整齐地码放在锅底，然后倒入调匀的鸡肉泥，并用手勺向周围摊平，顺锅边再淋熟猪油25克，轻轻晃动炒锅煎制，表面煎成淡黄后大翻锅，煎制另一面，呈金黄色时，加入鸡清汤，调味后焖制2分钟左右，至汤汁将尽时起锅，改刀成5厘米长、2.5厘米宽的长方块，使

银鱼在上，装在盘内即可上席。

成品要求

块形整齐，色泽金黄，银鱼细嫩味香，咸鲜适口。

制作关键

1. 鱼和鸡泥糊配比要适当。
2. 煎制火候要适当，煎时要不断晃锅，防止鸡茸粘锅。

举一反三

类似的可以制成锅熼鲜虾仁、锅熼干贝、锅熼鲜蘑。

思考题

1. 锅熼银鱼应选用什么样的银鱼？
2. 我国哪些地方出产的银鱼质量较好？

6-8 锅煸豇豆

烹调方法 煸

原 料

豇豆200克、鸡脯肉100克、鸡蛋黄25克、肥膘30克、水发香菇25克、熟火腿25克、淀粉50克、精盐5克、葱15克、姜10克、清汤150克、花生油50克。

制作方法

1. 豇豆摘去老筋洗净后与水发香菇、熟火腿、肥膘分别切成小丁；鸡脯肉排斩成茸并搅拌上劲。炒锅上火，投入清水烧沸腾后，投入豇豆丁、水发香菇丁、熟火腿进行焯水后捞出，用漏勺沥干水分。
2. 将焯水后的配料与鸡茸拌均匀，再加入鸡蛋黄与适量的淀粉拌匀。
3. 取一只腰盘抹上色拉油，放上豇豆鸡茸用刀抹成长方形。
4. 锅内放花生油烧至四成热，滑入豇豆鸡茸，并转小火煸煎，至金黄色时翻身，煸煎两面至金黄色。再放入清汤、精盐、加盖煸1分钟，待汤汁将尽时淋油出锅，改刀成菱形块，拼装成盘。

成品要求

色泽鲜艳，造型美观，口味香鲜脆嫩，咸淡适中。

制作关键

1. 鸡茸糊调制时注意各种调料的比例。
2. 煎制时要注意控制好油温和煎制时间，保持蔬菜色泽翠绿。
3. 注意大翻锅技巧的运用。

举一反三

类似的可以制成锅煸青菜、锅煸丝瓜、锅煸豆仁。

思考题

1. 锅煸豇豆这道菜应如何选择原料？
2. 锅煸豇豆这道菜如何成形才能美观？

6

煎、贴、煸、烹类

煸

烹

烹是将原料经过煎、炸后，烹入调味清汁，经过加热调味汁使之渗入原料内并收干的一种烹调技法。

烹法多将原料加工成小型块、段，烹制前一般先调制好调味清汁，根据烹制菜肴初步熟处理方法不同，烹法分为煎烹和炸烹。

6 煎、贴、爛、烹类

6-9 炸烹里脊

烹调方法 烹

原 料

猪里脊肉250克、葱10克、姜丝10克、蒜片10克、香菜段25克、酱油10克、精盐5克、醋5克、料酒3克、味精30克、香油5克、清汤25克、鸡蛋液2克、湿淀粉20克、花生油500克(约耗50克)。

制作方法

1. 将里脊肉切成3厘米长、1厘米厚的片，放碗内加鸡蛋、湿淀粉抓匀。
2. 锅内加花生油置旺火上，烧至约130℃，将挂糊的里脊逐一投入油中，炸至断生时捞起，待油温升至200℃左右再投入里脊炸至金黄，倒入漏勺内控油。
3. 用清汤、盐、味精、酱油、料酒、醋放碗内兑成汁。
4. 锅内加花生油20克，放葱、姜、蒜烹锅，倒入里脊加汁，放入香菜，急火颠翻几下，淋上香油即成。

成品要求

　　色泽红亮，外酥香，内鲜嫩，咸、酸、甜并重。

制作关键

1. 里脊挂糊要匀，油炸时油温要适当。
2. 兑调味汁要准，成菜速度要快。

举一反三

　　牛、羊肉的里脊也可以用同样的方法烹制。

思考题

1. 炸烹里脊的芡汁中要加淀粉吗？为什么？
2. 炸烹里脊应该上什么糊浆？

6-10 炸烹鸡卷

烹调方法 烹

原　料

鸡脯肉250克、猪肥膘肉100克、鱼肉50克、香菇50克、葱姜水10克、鸡蛋2个、精盐5克、味精3克、料酒3克、面粉10克、水淀粉15克、精炼油1000克(约耗100克)、清汤25克、醋3克、芝麻油3克、葱丝4克。

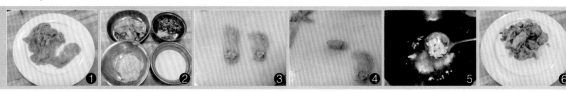

制作方法

1. 将鸡脯肉切成4.5厘米长、3.3厘米宽、0.3厘米厚的片。将猪肥膘肉、鱼肉剁成茸泥，香菇切小粒，然后放碗内加葱姜水、芝麻油、精盐、味精搅匀待用。

2. 将鸡蛋、面粉、水淀粉调制成糊。鸡片铺平，抹上茸泥卷成1.5厘米粗的卷。

3. 再将鸡卷挂上糊，投入八成热的油锅内炸成金黄色时倒出控油。

4. 锅内加精炼油25克，烧热后加葱丝炝锅，烹醋，然后加清汤、精盐、味精、鸡卷，汤汁沸起后淋上芝麻油盛装即成。

制作关键

1. 茸泥要剁细，并且搅打时的稠度要适宜。

2. 卷制时要求粗细均匀。

举一反三

1. 也可用里脊、鱼肉、豆油皮等代替相应的原料。

2. 卷包馅料可荤可素。

思考题

1. 制作炸烹鸡卷时，对卷的形状有什么要求？

2. 炸烹鸡卷对芡汁有什么要求？

成品要求

鲜嫩松软，有明显的清香味，汁清。

6-11 煎烹虾

烹调方法 烹

原料

净大虾500克、葱丝10克、蒜片10克、姜丝10克、面粉15克、鸡蛋1个、料酒10克、酱油5克、醋3克、精炼油1000克(约耗150克)、白糖8克、味精5克。

制作方法

1. 将去皮的虾从脊背剖成夹刀片铺开，剞上十字花刀，加精盐、味精、料酒。拌匀后拍上干面粉待用。

2. 用碗将酱油、味精、料酒、白糖、醋、清汤兑成汁待用。

3. 鸡蛋搅打均匀。将虾裹蛋液后投入160℃的油锅内两面煎至金黄色成熟取出，将虾切成1厘米宽的条依原样摆入盘内。

4. 锅内加上精炼油，烧热后加葱、姜丝、蒜片炝锅，然后倒上兑好的汁，烧开后浇在盘内的虾上即成。

成品要求

香酥鲜嫩，咸鲜中略带甜酸。

制作关键

1. 虾体内的筋络要剖断，否则煎制时易扭曲变形。

2. 煎制火力不宜太旺，否则外焦内不熟。

3. 装盘要美观和谐。

举一反三

可用较嫩的原料替代，如鸡肉、鱼肉。

思考题

1. 什么是煎烹？有何特点？

2. 煎烹虾对虾的选料有什么要求？

6 煎、贴、煸、烹类

烹

127

6-12 煎烹海蛎子

烹调方法 烹

原料

海蛎子肉250克、鸡蛋2个(约80克)，葱丝、姜丝及蒜片各5克，香菜段15克、精盐10克、味精5克、料酒5克、高汤20克、香油5克、花生油50克、醋5克。

制作方法

1. 将海蛎子肉洗净，控净水分。将鸡蛋打入碗内，用筷子搅匀，再把海蛎子蘸上蛋液。

2. 碗内加上清汤、盐、味精、料酒、醋，兑成汁。

3. 勺内加上花生油，烧至约120℃热，用筷子夹着海蛎子逐个放入锅内，煎成金黄色，后翻至另一面也煎成金黄色，熟时将海蛎子拨入勺边，后下葱姜蒜一烹，加上兑好的汁和香菜，颠翻均匀，淋上香油装盘即可。

成品要求

色泽金黄，外酥里嫩，咸鲜微酸。

制作关键

1. 煎海蛎子时不宜大火，两面金黄。

2. 炝锅烹调料要快，火要急，颠翻要匀，出锅上桌要快。

举一反三

文蛤、竹蛏都可以用这种方法煸制成菜。

思考题

1. 海蛎子是什么原料的俗称？如何出肉?

2. 煎烹的调味有什么特色?

基础菜肴制作

6-13 干烹泥鳅

烹调方法 烹

原料

泥鳅400克、盐10克、味精2克、糖5克、料酒20克、豆瓣酱15克、花椒粉5克、 辣椒粉5克、葱50克、姜20克、蒜瓣20克、菜籽油10克、花生油750克（约耗75克）。

制作方法

1. 将泥鳅放入清水中，倒入菜籽油，活养两天，使之吐出肚内的杂质。
2. 捞出泥鳅，加盐用手抄拌一下，再用水清洗干净。
3. 油温七成热时倒入泥鳅，炸至外皮焦酥时盛出备用。
4. 锅内留底油，放入姜丝、蒜片、豆瓣酱炒香，再放入泥鳅、调料炒匀，撒入葱段，淋香油即可出锅装盘。

成品要求

色泽红亮，口味麻辣，外酥内嫩，回味悠长。

制作关键

泥鳅要活养去除土腥味，炸制至外焦酥，但不能炸枯。

举一反三

猪肉、牛肉、鹌鹑等原料都可依此方法制作成菜。

思考题

1. 清洗泥鳅前加盐炒拌有什么作用？
2. 用泥鳅做其他什么菜时可不去内脏？

6-14 烹带鱼背

烹调方法 烹

原　料

带鱼500克、盐5克、味精2克、糖50克、料酒20克、醋10克、葱30克、姜30克、蒜20克、干淀粉75克、湿淀粉30克、色拉油750克（约耗75克）。

① ② ③ ④ ⑤ ⑥

制作方法

1. 将带鱼剪掉鱼鳍，去除内脏，清洗干净，改刀成4厘米宽的长菱形块。葱10克切末，20克切段，姜5克切末，25克切片，蒜切片。
2. 带鱼用姜片、葱段、3克盐、2克调糖醋汁、10克料酒、2克味精腌制30分钟。
3. 带鱼沥干水分，拍上干淀粉，下入七成热的油锅中炸至金黄色捞出。
4. 锅留底油，五成热时，下葱末、姜末、蒜片煸香，下带鱼后，烹入用50克清水和调味品调成的糖醋清汁，续烧1分钟，至芡汁收干时出锅装盘。

成品要求

带鱼块形整齐，色泽金黄，外酥里嫩，口味酸甜适口。

制作关键

油温要高，初炸时不要翻动，炸制要适度，不能太干或太嫩。

举一反三

可以将鱼出肉切成条后用相同的方法烹制，成菜更精致；青鱼、草鱼都可用此法烹制。

思考题

1. 带鱼表面的银白色膜是否要清洗干净？为什么？
2. 炸烹法与脆熘的菜品有什么不同？

基础菜肴制作

拔丝

拔丝是将白糖熬制成能拉出丝的糖液，将其包裹于炸熟的原料表面的一种烹调方法。多用于去皮核的鲜果、干果、根茎类蔬菜以及动物的净肉或小肉丸等。

拔丝菜具有色泽晶莹黄亮、口感外脆里软、滋味香甜可口的特点，夹起时可拉出细长的糖丝，颇有情趣，多作为筵席中的甜菜。

拔丝的关键在于熬制糖液，故而对控制火候要求特别高，欠火或过火均拉不出丝。熬糖液有干熬、水熬、油熬、油水混合熬4种方法，其中水熬法和油熬法使用较普遍。

拔丝、挂霜、蜜汁类

7-1 拔丝苹果

烹调方法 拔丝

原　料

苹果300克、面粉50克、鸡蛋2个、湿淀粉20克、水适量、白糖15克、色拉油1000克（约耗100克）、芝麻油少许。

制作方法

1. 将苹果削皮切成滚料块，拍上干面粉。将鸡蛋、面粉、水调制成糊，将苹果挂上糊待用。
2. 将挂糊的原料投入七成热的油锅内炸制至结壳、呈金黄色时倒入漏勺沥油。
3. 炒锅加底油和糖，炒至糖溶化，待糖液呈棕黄色时投入炸好的原料颠翻，使苹果粘匀糖液后，倒入抹上芝麻油的平盘内，上桌时配一碗凉开水。

成品要求

色泽金黄透亮，银丝缕缕，香甜可口。

制作关键

1. 糊要先调匀后再投入苹果，否则挂糊不匀。
2. 水果类原料含水分较多，过油时的油温宜高且时间要短。
3. 熬糖时锅要刷净、擦净且底油要少，否则原料裹不上糖液。
4. 要注意观察，掌握出丝火候。

举一反三

梨、橘子、葡萄都可依此法制作成拔丝菜肴。

思考题

1. 拔丝苹果应该挂什么糊？
2. 怎样才能使苹果挂制的糊光滑？

7-2 拔丝香蕉

烹调方法 拔丝

原料

香蕉750克、白糖200克、碱粉5克、发面100克、鸡蛋2个、色拉油750克（约耗75克）、糯米纸一张。

制作方法

1. 将香蕉切成一寸长的滚料块，发面中加入鸡蛋和碱粉调匀。
2. 炒锅上火，放入色拉油，烧至七成热，将香蕉滚上发面糊下锅，炸成金黄色时起锅。
3. 炒锅内留底油25克，放入糖，用手勺不断搅动，至金黄色时，迅速将炸好的香蕉块倒入锅内，使它们均匀地裹在香蕉上，装盘（糯米纸垫底）即成。

成品要求

外脆里嫩，甜、酸、香适宜，细丝长。

制作关键

炒糖时，要掌握好火候、时间，否则会失败。

举一反三

香蕉拔丝还可以挂全蛋糊、发蛋糊，也可以将香蕉切片后夹上馅再挂糊拔丝，制成工艺水平更高的菜肴。

思考题

1. 拔丝香蕉可以挂哪些糊?
2. 如何掌握拔丝香蕉的油炸火候?

7

拔丝、挂霜、蜜汁类

拔丝

133

挂霜

挂霜是将经过油炸的（也有用盐炒的）小型原料粘上一层粉霜状的白糖而成菜的烹调方法。适用于含水较少的干鲜果品、根类、块茎类蔬菜以及一些动物性原料（如排骨、肥膘肉等）。

　　挂霜的原理是利用糖在热水中溶解度较高的特性，使糖溶解在少量热水中，冷却时糖迅速结晶析出，包在原料表面。

⑦ 拔丝、挂霜、蜜汁类

7-3 挂霜生仁

烹调方法 挂霜

原 料

花生仁250克、绵白糖200克、水少许。

制作方法

1. 将花生仁放入水中浸泡至皮软时取出，剥去红衣。
2. 将花生仁入锅小火慢炒至酥脆；锅洗净，入清水50克，再加白糖上温火用手勺不停搅动，炒至糖溶化至糖液冒大气泡时，锅端离火口，继续搅动，至大气泡消失，糖液出现细密的小气泡时，迅速将生仁倒入锅内，使糖液均匀地裹在生仁的表面，置阴凉处翻拌均匀呈白色霜状，即可出锅装盘。

成品要求

色泽洁白，糖霜包裹均匀，生仁酥脆、香甜可口。

制作关键

1. 生仁炒制不可太老或太嫩。
2. 熬糖时，火力要适当，切勿过火出丝。
3. 糖液应均匀裹在生仁的外表。

举一反三

核桃、腰果等干果可依此法制成类似的菜肴。

思考题

1. 挂霜生仁用的花生仁为什么要炒制而不用油炸？
2. 如何才能使挂霜细密均匀？

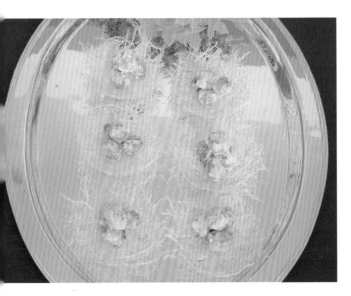

7-4 挂霜丸子

烹调方法 挂霜

原　料

猪前夹肉150克、面粉90克、白糖200克、鸡蛋黄40克、香蕉精少许、清水适量、花生油750克（约耗40克）。

制作方法

1. 将肉切成粒状放入碗内，加蛋黄、面粉和适量的清水调匀。
2. 将花生油放锅内烧至五成热时，把调好的肉泥挤成直径约为2.5厘米的丸子，入油内慢火炸熟，色呈浅黄时捞出控净油。
3. 锅内放清水100克、白糖，置慢火上熬制，慢慢熬到糖液变稠、色乳白时，即放入炸好的丸子，离火推翻，丸子均匀粘上一层糖液，滴上香蕉精，置阴凉处翻拌均匀呈白色霜状，用筷子逐个将丸子摆入盘内即成。

成品要求

色泽洁白，外酥里嫩，香甜可口。

制作关键

1. 丸子大小要均匀，炸制时既要炸透，又不能使色过深。
2. 掌握好熬糖的火候。
3. 糖液在即将凝固时，不要再颠翻，否则已粘在丸子上的糖会脱落。

举一反三

肥膘、荸荠作为主料制成丸子，再挂霜也是常用的菜肴。

思考题

1. 挂霜丸子中要加入蛋黄有什么作用？
2. 挂霜丸子炸丸子的火候对成菜有什么影响？

基础菜肴制作

蜜汁

蜜汁是以白糖与蜂蜜（有时加冰糖）加清水将菜肴原料加热入味，制成带汁甜菜的烹调方法。适用于含水分较少的干鲜果品以及块根蔬菜、银耳、某些动物性原料。蜜汁菜的特点是：滋味香甜，口感软糯，色泽蜜黄美观。

7-5 冰糖莲子

烹调方法 蜜汁

原料

莲子300克、桂花5克、食碱粉10克、冰糖200克、蛋清1个、白糖50克。

 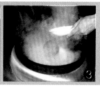

制作方法

1. 在锅中加入水250克、食碱10克，放入莲子，用刷子刷掉莲子的外皮，再将莲子放入开水盆中浸泡，提取碱味。然后用细竹签顶去莲心，放入碗内，加水上蒸笼蒸熟，溢出香味取出待用。

2. 将锅洗净，加水500克，加入白糖、冰糖、发好的莲子，煮制5分钟左右；将蛋清内加少许水，搅打后倒入锅中，撇去浮沫，待糖水收浓时，加入桂花，将糖汁与莲子一起盛入盘内即成。

成品要求

莲子形状完整、软烂适度，香甜可口。

制作关键

1. 一定要用清水漂去碱味，否则影响口感。

2. 注意蒸制的火候和时间。

举一反三

用白果、芡实为主料可以制作类似的菜肴。

思考题

1. 干莲子如何涨发？

2. 冰糖莲子为什么要用冰糖？

7-6 鸡蛋玉米羹

原　料

罐装玉米160克、鸡蛋2个、水淀粉5克、牛奶100克、白葡萄酒5克、料酒5克、白糖100克、鲜豌豆粒20克、精盐1克、姜汁1克、碱粉2克。

制作方法

1. 鲜豌豆放入热碱水中泡一下，捞出置凉水中泡凉。
2. 炒锅烧热，加入白糖和少量清水稍炒，倒入豌豆，稍烩后加水，倒入玉米粒、牛奶和其他调料。
3. 烧开后加入水淀粉勾芡，再分散倒入蛋液，起锅装入碗中即可。

成品要求

黄、绿、白相间，香甜可口，生津开胃。

制作关键

1. 豌豆用碱水泡过后要用清水漂去碱味。
2. 注意芡汁浓度的控制。

举一反三

玉米羹也可以用新鲜的玉米来制作，青豆也可以用蚕豆瓣代替。

思考题

1. 玉米羹应选用什么玉米制作？
2. 玉米羹中的鸡蛋应在什么时候加入？为什么？

7-7 酒酿苹果

烹调方法 蜜汁

原　料

苹果250克、白糖225 克、酒酿50克、水淀粉100克、清水750克。

制作方法

1. 苹果去皮，用挖球刀加工成球状，泡入水中。
2. 清水加糖烧沸，倒入苹果球烧沸用水淀粉勾芡，加酒酿，搅匀倒入汤碗内，即成。

制作关键

1. 苹果球要挖的大小一致。
2. 糊浆不可太厚，否则入口发腻。

举一反三

梨、菠萝都可按此方法制作成菜。

成品要求

甘美糯烂，酒香浓郁，甜而不腻。

思 考 题

1. 酒酿苹果中加入酒酿有什么作用?
2. 酒酿苹果的芡汁对成品质量有什么影响?

基础菜肴制作

7-8 蜜汁甜桃

烹调方法 蜜汁

原料

甜桃750克、冰糖150克、糖桂花2克、湿淀粉3克、西红柿、小汤圆。

制作方法

1. 用刀将桃一剖两片，入水锅煮透；捞起后置冷水中浸凉，去皮核，再将桃片用刀轻拍，斜批两刀，依次排入碗内，逐层撒上冰糖100克，再放糖桂花，盖上盖盘，上笼旺火蒸透取下，滗去汁水，翻扣在盘内。

2. 小汤圆入锅煮透捞出，入清水置凉。西红柿批成两半，围在盘边，将滗下的汁水加湿淀粉勾芡后浇在甜桃上即成。

成品要求

甜香入味，微酸生津。

制作关键

1. 甜桃蒸时要控制好时间。
2. 口味轻重要控制好，芡汁的浓度掌握好。

举一反三

用山药、红薯为主料可制作类似的菜肴。

思考题

1. 什么是蜜汁的烹调方法？
2. 蜜汁甜桃对甜桃的选择有什么要求？

参考文献

[1]　萧帆.中国烹饪辞典.北京：中国商业出版社，1992.

[2]　中国烹饪百科全书编委会.中国烹饪百科全书.北京：中国大百科全书出版社，1992.

[3]　季鸿崑.烹调工艺学.北京：高等教育出版社，2005.

[4]　周晓燕.烹调工艺学.北京：中国轻工业出版社，2000.

[5]　冯玉珠.烹调工艺学.北京：中国轻工业出版社，2007.

[6]　杨国堂.中国烹调工艺学.上海：上海交通大学出版社，2008.

[7]　谢定源.中国名菜.北京：中国轻工业出版社，2005.

[8]　江苏省饮食服务公司.中国名菜谱（江苏风味）.北京：中国财政经济出版社，1990.

[9]　山东省饮食服务公司.中国名菜谱（山东风味）.北京：中国财政经济出版社，1990.

[10]　广东省饮食服务公司.中国名菜谱（广东风味）.北京：中国财政经济出版社，1990.

[11]　四川省饮食服务公司.中国名菜谱（四川风味）.北京：中国财政经济出版社，1990.

[12]　浙江省饮食服务公司.中国名菜谱（浙江风味）.北京：中国财政经济出版社，1990.

[13]　湖北省饮食服务公司.中国名菜谱（湖北风味）.北京：中国财政经济出版社，1990.

[14]　劳动社会保障部教材办公室.中式烹调技能训练.北京：中国劳动社会保障出版社，2003.

[15] 劳动社会保障部教材办公室.教学菜——淮扬菜.北京：中国劳动社会保障出版社，2001.

[16] 劳动社会保障部教材办公室.教学菜——鲁菜.北京：中国劳动社会保障出版社，2001.

[17] 劳动社会保障部教材办公室.教学菜——川菜.北京：中国劳动社会保障出版社，2001.

[18] 劳动社会保障部教材办公室.教学菜——粤菜.北京：中国劳动社会保障出版社，2001.

后记

经过编者的共同努力，《基础菜肴制作》一书终于如期完稿。我们最大的感受就是：要编写一本有新意的教材很不容易，哪怕这本教材内容并不高深。虽然编者在平时教学过程中都积累了不少资料，但真正组成稿件时才发现，平时积累的资料还远远不够，有些菜肴制作的照片都必须现拍。限于时间和经费的原因，不可能组织所有参编人员和专业摄影人员统一拍摄；为了拍摄制作过程，做菜速度远慢于平时的操作，做菜的程序还一定要计划周密；若要修改一个操作或拍摄的疏漏，必须重新制作一次菜肴；另外还存在原料的季节性限制等因素；因此，虽然我们每位编者都做了最大的努力，但成稿时还有不少不尽人意的地方，欢迎广大老师和学生一一批评指正，以便今后为读者提供更为优秀的教材。

本书在编写过程中还得到了高丽萍、徐亮、吴柳、张磊等同志的协助，在此表示感谢。

丁玉勇